FENGDIANCHANG ANQUAN SHENGCHAN BIAOZHUNHUA SHOUCE

风电工程系列标准化手册
风电场安全生产标准化手册

本书编委会　编

U0246575

中国电力出版社
CHINA ELECTRIC POWER PRESS

内 容 提 要

《风电工程系列标准化手册》共分为 4 个分册，分别为《质量工艺标准化手册》《安全文明施工标准化手册》《风电场安全生产标准化手册》《环保水保标准化手册》。本系列手册采用图文并茂的形式，简单清晰地描述了质量、文明施工、职业健康安全、环保水保等技术内容，更好地向风电建设、生产、运行、维护企业人员传递法律法规、标准规范的要求。

《风电工程系列标准化手册 风电场安全生产标准化手册》依据《企业安全生产标准化基本规范》（GB/T 33000—2016）标准编写，以风电场运维全过程安全管控为主线，从一般要求、目标职责、制度化管理、人员教育培训、现场管理、安全风险管控及隐患排查治理、应急管理、事故管理、持续改进等方面说明了风场运营过程中安全管理要求。

本系列手册可作为风电场建设、施工、生产、运行、维护、质量、安全、环保水保管理和技术人员培训教材使用，也可供风电专业师生及从事风电行业的科研、管理、技术人员学习使用。

图书在版编目（CIP）数据

风电工程系列标准化手册. 风电场安全生产标准化手册 / 北京天润新能投资有限公司组编. —北京：中国电力出版社，2018.10（2021.4重印）
ISBN 978-7-5198-2319-1

Ⅰ. ①风… Ⅱ. ①北… Ⅲ. ①风力发电–发电厂–电力安全–标准化管理–手册 Ⅳ. ①TM614-65

中国版本图书馆 CIP 数据核字（2018）第 184162 号

出版发行：中国电力出版社
地　　址：北京市东城区北京站西街 19 号（邮政编码 100005）
网　　址：http://www.cepp.sgcc.com.cn
责任编辑：孙　芳　郑晓萌
责任校对：黄　蓓　郝军燕
装帧设计：赵姗姗
责任印制：石　雷

印　　刷：北京瑞禾彩色印刷有限公司
版　　次：2018 年 10 月第一版
印　　次：2021 年 4 月北京第二次印刷
开　　本：710 毫米×1000 毫米　16 开本
印　　张：11.25
字　　数：209 千字
定　　价：120.00 元

编　委　会

序

　　风力发电行业在我国经过十余年的快速发展，已进入持续稳健发展阶段，随着限电、限批等政策因素和国内风电发展趋势的影响，风力发电战略布局开始转向华东、南方等山地地区，这些地区多为山地地貌，生态恢复、项目建设难度、安全风险较大，给风电建设过程质量、安全、环境管理带来了更高的挑战。

　　随着电力体制改革帷幕的拉开，电力建设质量管理进入"新技术、新工艺、新流程、新装备、新材料、低能耗及低排放"的新常态发展趋势，对风电场质量要求更加严格。为适应经济新常态，中央政府、国务院要求加快实施创新驱动发展战略，深化体制机制改革，明确并逐步提高生产环节质量指标。国务院发布了《质量发展纲要 2011—2020》，中共中央、国务院发布了《关于开展质量提升行动的指导意见》，国家能源局计划且已经发布了多项风力发电建设的新标准、新规范等，为质量提升提出了新的目标和更高要求。《中国制造2025》提出的五项基本方针中，"质量为先"是其中之一，特别强调了提升质量水平是强国的基本战略要求。对于新能源企业而言，生产优质电力产品是强企的必由之路；是铸就精益、追求卓越的强力保证，是发展百年老店、树立行业品牌的基础；是企业屹立潮头的根基。相对于传统能源，风力发电由于起步晚、发展快的现状，相关质量管理和技术经验相对零散，需要通过标准化的方式进一步梳理沉淀，规范和统一工程建设质量的流程、工序、验收、标准及管控要点，全面促进优质资产的打造和形成。

　　近年来，电力工程建设安全事故频发，风电工程建设安全事故也时有发生，经过分析事故原因，有违章指挥、违章作业、盲目赶进度和压缩工期等违反电力工程建设的客观规律的诸多原因。为了加强安全生产工作，防止和减少安全事故发生，保障人民群众生命和财产安全，促进经济社会持续健康发展，全国人民代表大会常务委员会审议通过了关于修改《中华人民共和国安全生产法》的决定，并于2014年12月1日颁布实施。新法规对安全生产管理工作提出了更高的要求，由于风电吊装等属于安全高风险作业，安全管控要求更高，需要风电投资企业有一套完善的安全管控标准化做法，全面规范和强制性约束安全作业行为，坚守生命红线、坚持安全底线，保障人员生命和财产安全，实现本质安全。

　　随着"史上最严"环保法的出台，国家及地方政府对生态保护力度空前，按照新的《建设项目环境保护管理条例》（国令〔2017〕682 号）、《关于发布建设项目竣工环境保护验收暂行办法的公告》（国环规环评〔2017〕4 号）、《水利部关于加强事中事后监管规范生产建设项目水土保持设施自主验收的通知》（水保〔2017〕365 号）等法律法规要求，建设项目环境保护、水土保持验收均采用由建设单位自主验收的方式，并及时将验收情况向社会公示，由之前的政府行政验收转变为现在的社会监督，政府监管方式的转变，给风电投资企业带来了前所未有的挑战，企业的环境责任和压力更大，要求项目建设主体在项目建设全过程中必须严格落实环水保"三同时"的各项措施，增强环境风险控制能力，全面履行"绿色发展"理念和要求，推动生态文明建设，实现经济、环境和社会的可持续发展。

标准化是指在经济、技术、科学和管理等社会实践中，对重复性的事物和概念，通过制订、发布和实施标准达到统一，以获得最佳秩序和社会效益的方式，是制度化的最高形式。本系列手册标准化管理是将法律法规、标准规程、管理制度、技术要求结合风电场开发建设运维特点，通过规范管理方式加以整合，形成流程规范化、标准统一化、要求清晰化、内容全面化的制式标准文件，是促进风电建设和运维质量、安全、环境管理成熟度及提质增效的良好工具。在新的发展形势下，对提升风电工程建设质量水平，保障人员生命、设备运行安全，推动绿色发展，规范风电场建设全过程标准化管理起到示范作用，对推动风电行业健康可持续发展具有重要意义。

天润新能安全质量环保团队在实践探索的基础上，将风电工程质量工艺、风电工程安全文明施工、风电工程环保水保施工和风电场安全生产的经验和要求上升为标准化手册，凝聚了团队多年的知识沉淀和经验总结。手册的编写有利于更好地向风电建设和生产运维企业传递法律法规、标准规范的要求。本系列手册采用图文并茂的形式，简单清晰地描述了质量、安全、环保和职业健康要求，特别适合于风电场建筑和运维现场使用。中国电力出版社积极推动本系列手册的出版，将进一步促进风电行业全面提升质量安全环保管理水平，更好地履行行业的社会责任。我对本系列手册得以正式出版表示祝贺。

我希望本系列手册的出版能够给各风电投资、施工及相关企业和专业人员在质量、安全、环境管理方面提供指导和参考，为建成更多合规、优质、安全、绿色的风电场和"为人类提供更优质的绿色能源"做出贡献。

2018 年 10 月

前　言

安全生产标准化是《安全生产法》的基本要求。开展风电场安全生产标准化建设是指通过建立健全安全生产责任制，制定安全管理制度和操作规程，排查治理隐患和监控重大危险源，建立风险分析和预控机制，规范生产行为，使各生产环节符合有关安全生产法律法规和标准规范要求，确保人、设备、环境、管理处于良好状态并持续改进。从而提高风电系统抵御风险的能力，防范和减少电力安全生产事故的发生。

风电场安全生产标准化工作涵盖了风电场安全生产工作的全局，从建章立制、改善设备设施状况、规范作业人员行为等方面提出了具体要求，是企业实现管理标准化、现场标准化、操作标准化的基本要求和衡量尺度；是企业夯实安全管理基础、提高设备本质安全程度、加强人员安全意识、落实安全生产主体责任、建设安全生产长效机制的有效途径；是安全生产理论创新的重要内容；是科学发展、安全发展战略的基础工作；是创新安全监管体制的重要手段。

风电场安全生产标准化工作采用"策划、实施、检查、改进"动态循环的模式，依据标准要求，结合自身特点，建立并保持安全生产标准化系统；通过自我检查、自我纠正和自我完善，建立安全绩效持续改进的安全生产长效机制。

天润新能作为一家风力发电企业，几年来，始终坚持开展安全生产标准化工作。通过开展安全生产标准化工作，确保了一般事故隐患及时排查治理，重大事故隐患得到整治或监控，职工安全意识和操作技能得到提升，"三违"现象得到有效禁止，风电场本质安全水平明显提高，防范事故能力明显加强，安全生产形势进一步好转。公司有 50% 的风电场通过了安全生产标准化验收。

本手册结合公司近十年运行风电场的生产运行管理现状及相关标准要求，以简洁文字进行表述，本手册共十章，其中第二章明确风电场安全生产标准化的一般要求；第三章说明了安全生产机构职责及目标要求；第四章对法律法规、规章制度、操作规程提出了明确的要求；第五章对人员教育做出了规定；第六章对现场管理提出了要求；第七章对安全风险管控和隐患排查治理提出了要求；第八章对应急管理做出了规定；第九章对事故管理给出了指导。

本手册可作为运行风电场实施安全生产标准化工作的指导工具，也可作为运行风电场安全生产标准化培训的基础教材。

  本手册由李健伟主编和主要编写，李在卿、梁建勇、王瑛、周金明、王传忠、张强、范锋、张萍、杨波、姬瑞强参与了编写或审定工作。

  在编写过程中参考了部分行业专家的意见及行业先进案例和做法，在此谨致谢意。由于编者水平有限，书中难免有不当之处，敬请读者批评指正。

编　者
2018 年 10 月

目　录

第一章

概　述

一、范围

本手册依据《企业安全生产标准化基本规范》（GB/T 33000—2016）规定了风电场目标职责、制度化管理、教育培训、现场管理、安全风险管控及隐患排查治理、应急管理、事故管理和持续改进 8 个体系要素的核心技术要求。

本手册适用于风电场开展安全生产标准化建设和管理工作。

二、引用文件

《工作场所职业病危害警示标示》（GBZ 158）。

《职业健康监护技术规范》（GBZ 188）。

《安全色》（GB 2893）。

《安全标志及其使用导则》（GB 2894）。

《道路交通标志和标线》［GB 5768（所有部分）］。

《企业职工伤亡事故分类》（GB 6441）。

《工业管道的基本识别色、识别符号和安全标识》（GB 7231）。

《个体防护装备选用规范》（GB/T 11651）。

《消防安全标志 第 1 部分：标志》（GB 13495.1）。

《危险化学品重大危险源辨识》（GB 18218）。

《电力安全工作规程》（GB 26859—2011）。

《生产经营单位生产安全事故应急预案编制导则》（GB/T 29639）。

《企业安全生产标准化基本规范》（GB/T 33000—2016）。

《建筑设计防火规范》（GB 50016）。

《建筑灭火器配置设计规范》（GB 50140）。

《企业安全文化建设导则》（AQ/T 9004）。

《生产安全事故应急演练指南》（AQ/T 9007）。

《生产安全事故应急演练评估规范》（AQ/T 9009）。

《风力发电场安全规程》（DL/T 796—2012）。

《风力发电场高处作业安全规程》（NB/T 31052—2014）。

《风力发电场调度运行规程》（NB/T 31065—2015）。

《风电场安全标识设置设计规范》（NB/T 31088—2016）。

《发电企业安全生产标准化规范及达标评级标准》（电监安全〔2011〕23 号）。

三、术语和定义

本手册采用《企业安全生产标准化基本规范》（GB/T 33000—2016）中术语和定义，为便于使用，将相关术语列示如下：

1. 安全生产标准化

风电场通过落实安全生产主体责任，全员全过程参与，建立并保持安全生产管理体系，全面管控生产经营活动各环节的安全生产与职业卫生工作，实现安全健康管理系统化、岗位操作行为规范化、设备设施本质安全化、作业环境器具定置化，并持续改进。

2. 安全生产绩效

根据安全生产和职业卫生目标，在安全生产、职业卫生等工作方面取得的可测量结果。

3. 相关方

工作场所内外与风电场安全生产绩效有关或受其影响的个人或单位，如承包商、供应商。

4. 承包商

在风电场的工作场所按照双方协定的要求向企业提供服务的个人或单位。

5. 供应商

为风电场提供材料、设备或设施及服务的外部个人或单位。

6. 变更管理

对机构、人员、管理、工艺、技术、设备设施、作业环境等永久性或暂时性的变化进行有计划的控制，以避免或减轻对安全生产的影响。

7. 安全风险

发生危险事件或有害暴露的可能性，与随之引发的人身伤害、健康损害或财产损失的严重性的组合。

8. 安全风险评估

运用定性或定量的统计分析方法对安全风险进行分析、确定其严重程度，对现有控制措施的充分性、可靠性加以考虑，以及对其是否可接受予以确定的过程。

9. 安全风险管理

根据安全风险评估的结果，确定安全风险控制的优先顺序和安全风险控制措施，以达到改善安全生产条件、减少和避免生产安全事故的目标。

10. 工作场所

从业人员进行职业活动，并由企业直接或间接控制的所有工作地点。

11. 作业环境

从业人员进行生产经营活动的场所及相关联的场所，对从业人员的安全、健康和工作能力，以及对设备（设施）的安全运行产生影响的所有自然和人为因素。

12. 持续改进

为了实现对整体安全生产绩效的改进，根据企业的安全生产和职业卫生目标，不断对安全生产和职业卫生工作进行强化的过程。

第二章

一般要求

一、原则

风电场开展安全生产标准化工作，应遵循"安全第一、预防为主、综合治理"的方针，落实风电场主体责任。以安全风险管理、隐患排查治理、职业病危害防治为基础，以安全生产责任制为核心，建立安全生标准化管理体系，实现全员参与，全面提升安全生产管理水平，持续改进安全生产工作，不断提升安全生产绩效，预防和减少事故的发生，保障人身安全健康，保证生产经营活动的有序进行。

二、建立和保持

风电场应采用"策划、实施、检查、改进"的 PDCA 动态循环模式（见图 2-1），按照本手册的规定，结合风电场自身特点，自主建立并保持安全生产标准化管理体系，通过自我检查、自我纠正和自我完善，构建安全生产长效机制，持续提升安全生产绩效。

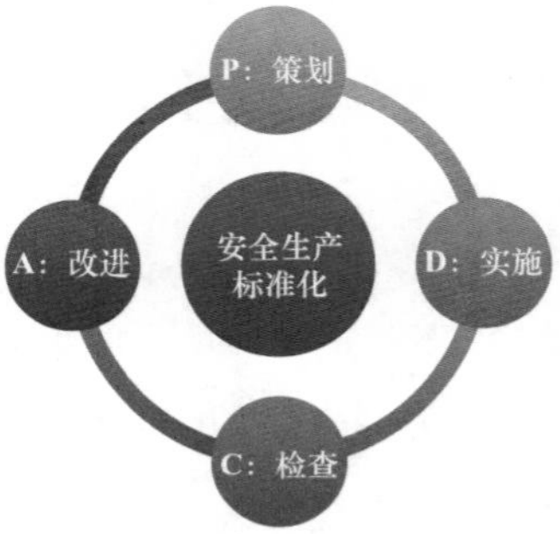

图 2-1　PDCA 动态循环模式

三、自评和评审

a）依据《国家能源局、国家安全监管总局关于推进电力安全生产标准化建设工作有关事项的通知》（国能安全〔2015〕126 号），电力安全生产标准化建设工作由电力企业按照电力安全生产标准化标准规范自主开展，国家能源局及其派出机构不再组织电力企业安全生产标准化达标评级工作。因此，风电场安全生产标准化，可采用在风电场自评的基础上，由上级公司或委托第三方组织评审的方式进行评估。

b）风电场安全生产标准化达标评级采用按"评审得分=（实得分/应得分）×100"计算分值。

c）风电场安全生产标准化达标评级考核结果分为一级、二级、三级，依据评审得分确定：标准化一级得分大于或等于 90 分；标准化二级得分大于或等于 80 分小于 90 分；标准化三级得分大于或等于 70 分小于 80 分。取得标准化三级以上即为安全生产标准化达标。

第三章

目标职责

一、目标

（一）目标的制定

（1）风电场应根据上级目标分解制定本场年度安全生产与职业卫生目标。

（2）安全生产目标应明确风电场安全状况在人员、设备、作业环境、管理等方面的各项安全指标。

（3）安全指标应科学、合理，包括不发生人身重伤及以上人身事故、不发生一般及以上各类电力安全事故。

（4）安全生产目标应经分公司生产业务部负责人审批，以正式文件形式下达。

（二）目标的控制与落实

（1）风电场根据确定的安全生产目标进行分级，实现安全生产和职业卫生目标四级控制（见图3-1）。

（2）风电场与上级公司或部门、风电场与班组、班组与员工层层签订安全生产和职业卫生目标责任状，逐级明确安全生产目标至班组和岗位。

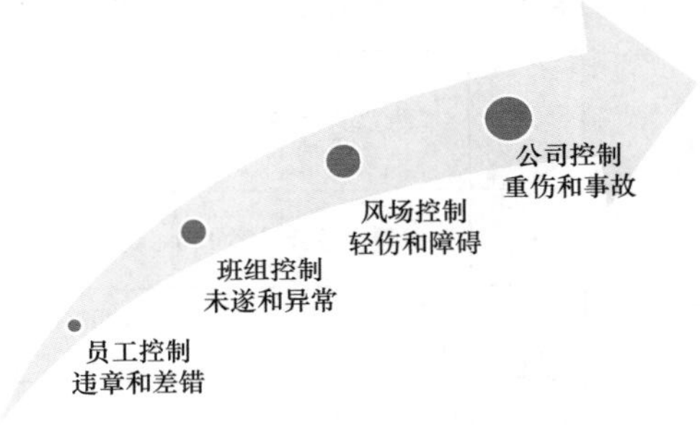

（3）风电场制定保证安全生产和职业卫生目标实现组织措施和技术措施。

公司控制
重伤和事故

风场控制
轻伤和障碍

班组控制
未遂和异常

员工控制
违章和差错

图3-1 安全生产和职业卫生目标四级控制

（4）定期对安全生产和职业卫生目标实施计划的执行情况进行监督、检查与纠偏。

（三）风电场主要安全目标

风电场主要安全指标分解见表3-1。

表3-1　　　　　　　　　　风电场主要安全指标分解（参考）

	序号	主要安全指标	指 标 释 义
职业健康安全事故类指标	1	不发生公司员工轻伤及以上人身伤亡事故	
	2	相关方轻伤及以上事故为0起	
	3	不发生重大设备损坏事故（包括相关方）	指设备、施工机械损坏，直接经济损失100万元以上、300万元以下的事故（包括经济损失不足以上数额，60天内不能修复或修复后性能不能满足的事故）
	4	相关方负责任的一般设备事故0起	设备、施工机械损坏，直接经济损失5万元以上、不足100万元的事故（包括经济损失不足以上数额，30天内不能修复的事故）

续表

	序号	主 要 安 全 指 标	指 标 释 义
职业健康安全事故类指标	5	不发生火灾事故	
	6	一般及以上交通事故 0 起	交通事故是指车辆在道路上因过错或者意外造成人身伤亡或者财产损失的事件
	7	不发生职业病及职业中毒事故	
	8	设备一类障碍	根据风电场容量确定该指标
	9	因安全事故造成的财产损失（万元）	指直接经济损失，一般根据分公司指标分解下发并结合风电场容量确定该指标
安全管理类指标	10	安全环境保护目标责任书签订率 100%	一般指风电场与上级单位签订及风电场内部层层分级签订的责任状
	11	"两票"合格率 100%	"两票"是指工作票和操作票，两票合格率 = 该月（年）已执行的合格票数/该月（年）应执行的总票数×100%
	12	特种设备合格率 100%	风电场对涉及《特种设备名录》所列的特种设备进行统计
	13	安全隐患及时整改率 100%，整改合格率 100%	
	14	风电场特种作业人员持证上岗率 100%	主要指登高证、电工证等，具备资质单位培训考试合格后所取得的证件
	15	新入职员工（包括相关方）三级职业健康安全教育率 100%	三级教育一般指公司级、风电场级、班组级
	16	安全会议参会率 100%	实际参会次数/应参会次数×100%
	17	不发生瞒报、谎报、误报、漏报、迟报安全事故/事件的情况，事故及时调查处理率为 100%	
	18	安全环境保护预算投入预实率≥95%	实际投入/应投入×100%
	19	风电场安全工器具按期检验率 100%，合格率 100%；风电场监视和测量设备按期检定率 100%，合格率 100%	
	20	职业健康安全管理体系和环境管理体系内外部审核不出现严重不符合项	

注　风电场安全指标设置根据下发的指标逐级分解，每年动态调整，此表仅供参考。

二、机构和职责

（一）机构设置

《安全生产法》第二十一条规定，从业人员超过 100 人的，应当设置安全生产管理机构或者配备专职安全生产管理人员；从业人员在 100 人以下的，应当配备专职或者兼职的安全生产管理人员。

1. 安全生产委员会（或安全生产领导小组）

（1）《国家安全监管总局关于进一步加强企业安全生产规范化建设严格落实企业安全生产主体责任的指导意见》（安监总办〔2010〕139号）规定，加强企业安全生产工作的组织领导。企业及其下属单位应建立安全生产委员会或安全生产领导小组，负责组织、研究、部署本单位安全生产工作，专题研究重大安全生产事项，制订、实施加强和改进本单位安全生产工作的措施。

（2）职责：

1）安全生产委员会职责。总结分析本单位的安全生产情况，部署安全生产工作，研究解决安全生产工作中的重大问题，决策企业安全生产的重大事项。

2）安全生产委员会主任职责。主持安全生产委员会工作，协调下设机构之间的工作。

3）安全生产委员会办公室（兼）职责。负责安全生产委员会日常事务工作。

（3）风电场应存档安全生产委员会的有关资料，如安全生产委员会成立或通知文件、安全生产委员会会议纪要，落实安全生产委员会会议要求的相关文件和资料。

（4）根据风电场组织机构设置情况，风电场安全生产委员会可参考图 3－2 建立。

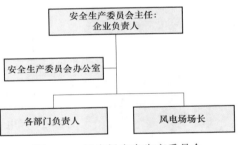

图 3－2　风电场安全生产委员会

2. 安全生产保障体系

（1）《国家能源局关于防范电力人身伤亡事故的指导意见》（国能安全〔2013〕427号）规定，健全防范人身伤亡事故的保障体系。电力企业要健全安全生产监督和保证体系，从决策指挥、执行运作、安全技术、安全管理和安全监督等方面严格执行安全法规制度，落实防范人身伤亡事故措施。贯彻"管生产必须管安全"的原则。

（2）职责：

1）贯彻落实国家、地方法律、法规和标准及安全生产管理制度；

2）建立健全安全管理组织体系，配备满足工作需要的安全生产管理人员；

3）建立健全安全生产责任制，监督各级人员安全生产责任制的落实；

4）建立健全安全生产技术保障体系，制定运行规程、操作规程、技术规范等技术文件和标准，并监督执行；

5）按规定提取和使用安全费用，保证安全生产所需资金的投入；

6）组织开展安全生产检查，排查安全隐患，制止违章行为；

7）定期召开安全分析会议，研究解决安全生产工作出现的各类问题；

8）按照"四不放过"（事故原因未查清不放过；事故责任人未受到处理不放过；事故责任人和周围群众没有受到教育不放过；事故没有制订切实可行的整改措施不放过）原则开展事故调查，落实相应反事故措施；

9）制订安全生产突发事件总体应急预案、专项应急预案和现场处置预案，并组织培训和演练；

10）制订安全生产教育培训计划，并组织实施；

11）开展企业安全文化建设，紧密围绕安全生产工作，营造良好的安全生产环境和安全文化氛围；

12）接受行业、所属地方政府等有关监管部门监督。

（3）风电场应每月组织召开安全生产分析会议，形成会议纪要并予以公布。

（4）根据风电场组织机构设置情况，风电场安全生产保障体系可参考图3-3建立。

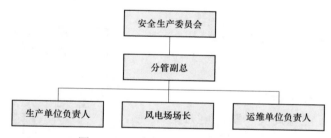

图3-3 风电场安全生产保障体系

3. 安全生产监督体系

（1）根据《安全生产法》的要求，风电场应配备满足安全生产要求的各级安全监督人员和所需的设施器材。风电场上级安全监督管理部门应以安全管理为主，现场监督为辅，以不定期抽查为其主要监督方式；风电场级安全员的工作侧重点，是监督一些工作量较大或工作条件较复杂的检修、基建、改造等项目工程，其他可采取不定期抽查的办法，以较多的精力从事安全管理工作；班组级安全员应主要侧重于现场监督。

（2）职责：

1）贯彻落实国家安全生产和职业卫生的法律、法规、标准、规定，以及各项安全生产规章制度的要求，并监督执行；

2）组织或者参与本单位安全生产和职业卫生教育和培训，如实记录安全生产教育和培训情况；

3）组织制定各级安全生产目标，监督各项保证实现安全生产目标措施的落实；

4）组织制定安全技术劳动保护措施计划，参与反事故措施计划的制定并监督落实；监督规程、规定、两票标准等各项现场规章制度的执行情况；

5）组织开展安全生产检查，定期深入风电场现场，了解安全生产情况，对于现场人员的"三违"（违章指挥、违章作业、违反劳动纪律）行为及时制止，对于存在的安全隐患限期整改；

6）定期组织安全网例会，剖析安全生产工作中存在的重点问题，并监督解决；

7）组织开展每年的安全生产月活动，促进企业安全文化建设；

8）组织落实安全信息系统数据建立、维护和填报工作；

9）组织本单位突发事件应急管理，组织制定及修订危急事件应急预案，牵头编制应急预案演练计划并监督各风场应急预案的演练；

10）强化对相关方全过程的安全管理和监督工作；

11）按月考核各风电场安全管理绩效；

12）按照"四不放过"原则落实人身和设备事故的调查处理工作，监督事故防范措施的落实。

（3）风电场应每月组织召开安全生产分析会议，并做好会议记录。

（4）根据风电场组织机构设置情况，风电场安全生产监督体系可参考图3－4建立。

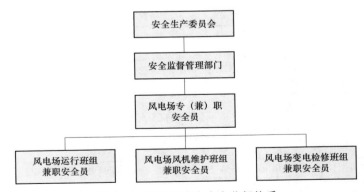

图3－4 风电场安全生产监督体系

（二）岗位安全职责

表3－2列出了主要岗位的安全管理职责。

表 3-2　　　　　　　　　　主要岗位的安全管理职责

岗位名称	主要安全职责
主要负责人 （或总经理）	（1）建立健全本单位安全生产责任制； （2）组织制定本单位安全生产规章制度和操作规程； （3）组织制订并实施本单位安全生产教育和培训计划； （4）保证本单位安全生产投入的有效实施； （5）督促、检查本单位的安全生产工作，及时消除生产安全事故隐患； （6）组织制定并实施本单位的生产安全事故应急救援预案； （7）及时、如实报告生产安全事故
主管安全 生产副总	（1）协助总经理做好本单位的安全管理工作，监督落实各级安全生产责任制，及时纠正、查处违规行为； （2）审核本单位的安全生产工作计划和安全生产方针、目标，健全本单位的安全管理机制，审查重大安全生产技术措施并监督实施； （3）组织制订、修订、审核本单位的安全管理规章制度、重大安全作业方案、事故应急救援预案和安全生产措施，并对执行情况进行验证； （4）定期组织召开安全生产分析会议，分析安全动态，及时研究、解决安全问题； （5）审核本单位安全专项资金投入的有效实施； （6）审核本单位年度安全生产培训计划，定期或不定期对培训效果作出客观评价； （7）负责组织本单位的安全生产检查，落实重大事故隐患的整改工作，监督、检查安全生产措施的落实情况； （8）按照"四不放过"的原则对事故进行调查、分析与处理，及时采取措施预防事故的重复发生； （9）组织开展安全生产活动，总结推广安全生产工作的先进经验，对安全生产先进部门和个人提出奖励建议
生产部门 负责人	（1）贯彻执行国家、地方、行业相关法律法规及安全生产管理制度，建立健全发电安全生产管理机制，负责风电场发电生产的安全管理工作； （2）组织落实各级安全生产责任书签订，并监督、检查各级岗位安全工作职责的落实、执行情况并建立考核机制； （3）定期组织安全工作会议和落实安全培训工作，解决各类安全问题，监督、检查安全工作的落实完成情况； （4）组织分公司级安全生产检查和隐患排查工作，监督风电场安全隐患整改闭环； （5）及时如实报告生产发电安全事故和安全信息，按照"四不放过"的原则，参与安全事故调查处理； （6）组织落实风电场"两措"计划开展和实施，确定风电场安全投入到位； （7）组织风电场按照要求落实各项应急管理工作
专职安全 管理人员	（1）贯彻国家有关安全生产的法律法规和公司制度，对公司的安全管理制度进行宣贯； （2）组织分解分公司各级安全生产目标并落实责任书的签订工作； （3）组织并参与分公司的各项安全生产会议，定期监督检查各现场人员落实会议要求情况； （4）定期或不定期检查各风电场安全生产情况，提出改进意见，对安全隐患应开具安全隐患整改通知单，并监督验证整改闭环情况； （5）组织制订安全生产培训计划，开展专项和新入职员工三级安全生产教育培训，并对培训效果作出客观评价； （6）组织制定安全生产措施计划和年度安全生产投入预算，并跟踪监督过程中动态执行情况，有问题随时进行纠偏和整改； （7）及时、如实报告安全事故和安全信息，参与安全事故的调查处理并按照要求提交调查报告，建立健全安全事故档案
风电场场长	（1）场长是风电场现场第一安全责任人，全面负责风电场运维阶段的安全监管和职业卫生工作，监督落实风电场各级安全生产责任制； （2）贯彻国家、地方、行业相关法律法规、标准规范，落实公司各项安全管理制度； （3）制定安全生产目标和安全生产措施并组织实施，按要求定期开展安全生产和职业卫生教育培训、安全生产检查、安全性评价、危险点分析等工作； （4）定期组织设备巡视工作，及时排查和消除设备安全隐患； （5）组织实施风电场"两票三制""两措"、职业卫生等日常安全管理相关工作； （6）定期主持召开全场安全生产工作会议，研究解决各类安全问题； （7）及时、如实报告安全事故和各类安全信息，在职责范围内组织或参与事故调查、处理

续表

岗位名称	主要安全职责
风电场专（兼）职安全员	（1）认真贯彻公司安全管理制度和要求，协助场长全面负责风电场的安全管理工作； （2）针对风电场实际情况，制定相应措施预防安全事故，确保风电场日常运维安全和检修安全； （3）负责监督各级安全生产责任制的落实，监督各项安全生产规章制度、反事故措施和安全技术劳动保护措施的贯彻执行； （4）及时、如实报告安全事故和各类安全信息，参与风电场安全事故调查分析、处理并提交调查报告； （5）做好风电场安全监督工作，定期组织排查现场安全隐患，并确保落实安全隐患整改闭环管理工作
风电场运维岗位	（1）落实本岗位各项安全生产和职业卫生工作职责，严格贯彻和执行国家有关安全生产、职业卫生工作的法律法规、安全生产规程、检修规程、调度规程、安全管理制度等； （2）积极参加风电场组织的各项安全生产、职业卫生教育培训及安全活动，不断提升安全生产标准化作业水平； （3）风电场运维岗位人员是本岗位主管设备的安全负责人，在当班工作期间要保证设备和人身的安全，对所管辖监控和检修的设备安全负责； （4）及时排查现场人员、管理、设备、环境各类安全隐患，并按要求落实整改工作； （5）严格执行"两票三制"，认真落实和执行安全技术劳动保护措施和反事故措施； （6）控制异常、未遂及以上的不安全事件发生，杜绝各类违章事件； （7）对当班发生的事故和不安全现象，要积极采取有效措施，防止事态扩大，并及时做好安全事故和安全信息报送工作

三、安全生产投入

《安全生产法》第二十条规定，生产经营单位应当具备的安全生产条件所必需的资金投入，由生产经营单位的决策机构、主要负责人或者个人经营的投资人予以保证，并对由于安全生产所必需的资金投入不足导致的后果承担责任。有关生产经营单位应当按照规定提取和使用安全生产费用，专门用于改善安全生产条件。安全生产费用在成本中据实列支。

（一）风电场安全生产投入管理

（1）风电场每年年底前制定下一年满足安全生产需要的安全生产费用计划，严格审批程序。

（2）风电场安全费用的提取标准参照《企业安全生产费用提取和使用管理办法》（财企〔2012〕16 号）执行，一般按上年度发电营业收入的 1% 比率计提。

（3）风电场的安全生产费用主要用于以下方面：

1）安全技术和劳动保护措施：安全标志、安全工器具、安全设备设施、安全防护装置、安全生产培训、职业病防护和劳动保护，以及重大安全生产课题研究和预防事故采取的安全技术措施工程建设等。

2）反事故措施：设备重大缺陷和隐患治理、针对事故教训采取的防范措施、落实技术标准及规范进行的设备和系统改造、提高设备安全稳定运行的技术改造等。

3）应急管理：预案编制、应急物资、应急演练、应急救援等。

4）安全检测、安全性评价、事故隐患排查治理和重大危险源监控整改及安全保卫等。

5）安全法律法规收集与识别、安全生产标准化建设实施与维护、安全监督检查、安全技术技能竞赛、安全文化建设与安全月活动等。

（4）风电场要建立安全投入费用使用明细台账。

（5）安全环境保护费用按照"单位计提、公司审批、确保需要、规范使用"的原则进行管理，风电场提取的安全费用应当专款专用，按规定范围安排使用，不得挤占、挪用。年度结余资金直接冲销，当年计提安全环境保护费用不足的，超出部分直接按成本费用列支。

（二）风电场安全环境保护投入预算

风电场安全环境保护投入预算表单参考表 3－3 编制。

表 3－3　　　　　　　　　风电场安全环境保护投入预算表单

安全费用类别	费用金额	主 要 内 容	备注
1. 提取安全生产费用			
2. 安全工程投入		主要包括隐患治理费用、安全标志、安全工器具、安全防护用品费用、设备设施改造费用、安全设施及特种设备检验费、安全性评价咨询费、"四新"（新技术、新工艺、新材料、新设备）费用	
3. 劳动防护用品费		购买劳动防护用品费用（现场运维单位等相关方使用劳动防护用品所产生的费用也在统计范畴内）	
4. 职业病防治费		职业病宣传、培训、体检等费用	
5. 应急救援费		应急管理费用，主要包括应急预案编制、应急物资、应急演练、应急救援等	
6. 安全宣教费		安全宣传、安全教育培训、安全文化活动费用	
7. 其他安全费用		除1～6项以外发生的其他安全费用	
合计			

编制：　　　　　　　　　　　审核：

（三）风电场安全投入使用

风电场安全投入统计台账清单可参考表 3－4 编制。

表3-4 风电场安全投入统计台账清单

序号	安全费用类别	主要内容	时间	预算（元）	实际投入（元）	预实率	备注
1							
2							
3							
4							
5							
合计							

（四）投保

《安全生产法》第四十八条规定，生产经营单位必须依法参加工伤保险，为从业人员缴纳保险费。国家鼓励生产经营单位投保安全生产责任保险。风电场所有员工必须参加工伤保险，同时检查和监督相关方单位为现场作业人员依法投保。

四、安全文化建设

（一）安全文化建设的总体模式

安全文化建设的总体模式如图3-5所示。

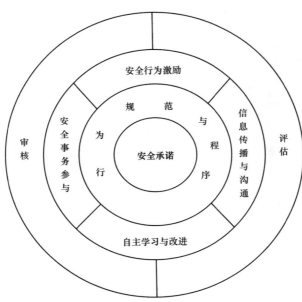

图3-5 安全文化建设的总体模式

（二）风电场安全文化建设的基本要素

风电场安全文化建设的基本要素主要内容见表 3－5。

表 3－5　　　　　　　　风电场安全文化建设的基本要素主要内容

序号	基本要素	主要内容及要求
1	安全承诺	（1）应建立包括安全价值观、安全愿景、安全使命和安全目标等在内的安全承诺。 （2）领导者应对安全承诺作出有形的表率，应让各级管理者和员工切身感受到领导者对安全承诺的实践。 （3）各级管理者应对安全承诺的实施起到示范和推进作用，形成严谨的制度化工作方法，营造有益于安全的工作氛围，培育重视安全的工作态度。 （4）员工应充分理解和接受安全承诺，并结合岗位工作任务实践这种安全承诺。 （5）应将自己的安全承诺传达到相关方，必要时应要求供应商、承包商等相关方提供相应的安全承诺
2	行为规范与程序	（1）风电场内部的行为规范是安全承诺的具体体现和安全文化建设的基础要求，应确保拥有能够达到和维持安全绩效的管理系统，建立清晰界定的组织结构和安全职责体系，有效控制全体员工的行为。 （2）程序是行为规范的重要组成部分，应建立必要的程序，以实现对与安全相关的所有活动进行有效控制的目的
3	安全行为激励	（1）在审查和评估自身安全绩效时，除使用事故发生率等消极指标外，还应使在对安全绩效给予直接认可的积极指标。 （2）员工应该受到鼓励，在任何时间和地点挑战所遇到的潜在不安全实践，并识别所存在的安全缺陷。对员工所识别的安全缺陷，应给予及时处理和反馈。 （3）宜建立员工安全绩效评估系统，应建立将安全绩效与工作业绩相结合的奖励制度。审慎对待员工的差错，就避免过多关注错误本身，而应以吸取经验教训为目的。应仔细权衡惩罚措施，避免因处罚导致员工隐瞒错误。 （4）宜在组织内部树立安全榜样或典范，发挥安全行为和安全态度的示范作用
4	安全信息传播与沟通	（1）应建立安全信息传播系统，综合利用各种传播途径和方式，提高传播效果。 （2）应优化安全信息的传播内容，将组织内部有关安全的经验、实践和概念作为传播内容的组成部分。 （3）应就安全事项建立良好的沟通程序，确保企业与政府监管机构和相关方、各级管理者与员工、员工相互之间的沟通
5	自主学习与改进	（1）应建立有效的安全学习模式，实现动态发展的安全学习过程，保证安全绩效的持续改进。 （2）应建立正式的岗位适任资格评估和培训系统，确保全体员工充分胜任所承担的工作。 （3）应将与安全相关的任何事件，尤其是人员失误或组织错误事件，当作能够从中汲取经验教训的宝贵机会与信息资源，从而改进行为规范和程序，获得新的知识和能力。 （4）应鼓励员工对安全问题予以关注，进行团队协作，利用既有知识和能力，辨识和分析可供改进的机会，对改进措施提出建议，并在可控条件下授权员工自主改进。 （5）经验教训、改进机会和改进过程的信息宜编写到企业内部培训课程或宣传教育活动的内容中，使员工广泛知晓
6	安全事务参与	（1）全体员工都应认识到自己负有对自身和同事安全作出贡献的重要责任，员工对安全事务的参与是落实这种责任的最佳途径。 （2）所有承包商对企业的安全绩效改进均可作出贡献，风电场应建立让承包商参与安全事务和改进过程的机制

序号	基本要素	主要内容及要求
7	审核与评估	（1）应对自身安全文化建设情况进行定期的全面审核。 （2）在安全文化建设过程中及审核时，应采用有效的安全文化评估方法，关注安全绩效下滑的前兆，给予及时的控制和改进

五、安全生产信息化建设

风电场应根据自身实际情况，利用信息手段加强安全生产管理工作，开展安全生产电子台账管理、重大危险源监控、职业病危害防治、应急管理、安全风险管控和隐患自查自报、安全生产预测预警等信息系统建设。

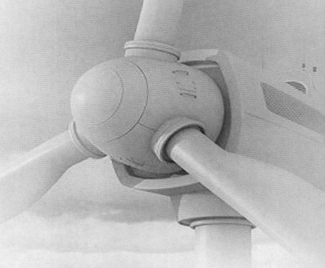

第四章

制度化管理

一、法规标准识别

风电场应及时识别和获取适用、有效的法律法规、标准规范，建立安全生产和职业卫生法律法规、标准规范清单和文本数据库，并将适用的安全生产和职业卫生法律法规、标准规范的相关要求及时转化为本单位的规章制度、操作规程，及时传达给风电场员工，确保相关要求落实到位。

风电场主要适用法规清单见表4-1。

表4-1　　　　　　　　　　　　风电场主要适用法规清单

风电场主要适用的安全法规标准清单	
序号	法 规 标 准
1	中华人民共和国安全生产法
2	中华人民共和国消防法
3	中华人民共和国职业病防治法
4	中华人民共和国道路交通安全法
5	中华人民共和国电力法
6	生产安全事故报告和调查处理条例（国务院第493号令）
7	电力安全事故应急处置和调查处理条例（国务院第599号令）
8	生产经营单位安全培训规定（安监总局第80号令）
9	生产安全事故应急预案管理办法（安监总局第88号令）
10	安全生产培训管理办法（安监总局第80号令）
11	特种作业人员安全技术培训考核管理规定（安监总局第80号令）
12	生产经营单位生产安全事故应急预案编制导则（GB/T 29639—2013）
13	安全标志及其使用导则（GB 2894—2008）
14	风电场安全标识设置设计规范（NB/T 31088—2016）
15	风力发电场安全规程（DL/T 796—2012）
16	电力安全工作规程（发电厂和变电站电气部分）（GB 26860—2011）
17	电力安全工作规程（电力线路部分）（GB 26859—2011）
18	电力安全工作规程（高压试验室部分）（GB 26861—2011）
19	电业安全工作规程　第1部分：热力和机械　（GB 26164.1—2010）
20	企业安全生产标准化基本规范　（GB/T 33000—2016）
21	风力发电场运行规程（DL/T 666—2012）
22	风力发电场调度运行规程（NB/T 31065—2015）

序号	法 规 标 准
23	风力发电场检修规程（DL/T 797—2012）
24	风力发电场高处作业安全规程（NB/T 31052—2014）
25	电力设备典型消防规程（DL 5027—2015）
26	调度运行规程（省、市电力系统）

　注　表中仅列出风电场常用安全法规标准供参考使用，包括但不限于以上内容。

二、规章制度

　　安全管理制度：风电场应建立的主要安全管理制度包括但不限于表 4-2 所列内容。

表 4-2　　　　　　　　　风电场应建立的主要安全管理制度

序号	安全管理制度
1	安全生产职责
2	安全生产费用
3	文件和档案管理
4	安全生产检查及隐患排查与治理
5	"两票三制"
6	安全教育培训
7	特种设备及特种作业人员管理制度
8	设备管理
9	安全、环境、职业卫生"三同时"管理制度
10	危险化学品和重大危险源管理
11	特殊危险作业管理
12	消防安全管理
13	临时用电管理
14	职业健康安全管理
15	应急管理
16	环境、职业健康与安全生产例会制度
17	劳动防护用品及特殊防护用品管理
18	安全工器具管理
19	安全生产奖惩

序号	安全管理制度
20	技术监督管理
21	反违章管理
22	交通安全管理
23	事故事件管理

三、操作规程

（1）风电场结合作业任务特点及岗位作业安全风险与职业病防护要求，编制齐全适用的岗位安全生产和职业卫生操作规程，发放到相关岗位员工严格执行。

（2）风电场应确保从业人员参与岗位安全生产和职业卫生操作规程的编制和修订工作。

（3）风电场应在新技术、新材料、新工艺、新设备设施投入使用前，组织制修订相应的安全生产和职业卫生操作规程，确保其适宜性和有效性。

风电场应编制的规程清单见表 4-3。

表 4-3　　　　　　　　　　　风电场应编制的规程清单

序号	规　　程
1	×××风电场运行规程
2	×××风电场检修规程
3	×××风电场设备试验规程
4	×××风电场设备操作规程（或作业指导书）
5	×××风电场系统图册（主要包括风电场场区平面布置图、电气一次系统图、电气二次系统图、直流系统图、继电保护原理图、风机机位图、集电线路杆塔走向图、风电场消防系统图等）

四、文档管理

（一）记录管理

（1）风电场应执行公司有关的文件和记录管理制度，明确安全生产和职业卫生规章制度、操作规程的编制、评审、发布、使用、修订、作废，以及文件和记录管理的职责、程序和要求。

（2）风电场应建立健全主要安全生产和职业卫生过程与结果的记录，并建立和保存有关记录的电子档案，支持查询和检索，便于自身管理使用和行业主管部门调取检查。

（二）风电场安全记录清单

风电场主要安全记录清单见表4-4。

表4-4 风电场主要安全记录清单

序号	安 全 记 录
1	风电场安全活动记录
2	风电场安全会议记录
3	风电场安全检查记录（包括日常检查、专项检查、上级检查等）
4	风电场安全培训记录（包括日常培训、相关方培训、外部培训、应急培训、新员工三级安全教育培训等）
5	风电安全考试记录
6	风电场安全生产投入台账
7	风电场安全生产奖惩记录
8	风电场巡检记录
9	风电场不安全事件记录
10	风电场事故调查报告
11	风电场安全隐患排查记录
12	风电场应急预案演练记录
13	风电场电气安全工器具、电动工器具定期检测试验记录
14	风电场缺陷登记台账记录
15	风电场设备定期轮换和试验记录
16	风电场相关方安全管理记录（包括安全告知、安全交底、安全培训、安全考试、安全监督、安全验收等）
17	风电场职业卫生工作记录（包括培训、职业危害告知、健康检查记录等）

注 表中仅列出风电场常用的安全管理记录，包括但不限于以上记录；记录表现形式可以为信息系统类记录、纸质类记录、电子记录等。

（三）评估和修订

（1）每年至少一次对企业执行的安全生产法律法规、标准规范、规章制度、操作规程、检修、运行、试验等规程的有效性进行检查评估；及时完善规章制度、操作规程，每年发布有效的法律法规、制度、规程等清单。

（2）根据制度和规程的修订情况，每年对制度、规程清单进行一次更新。

（3）操作规程的修订、审查应严格履行审批手续。

第五章

人员教育培训

一、教育培训管理

教育培训管理流程如图 5-1 所示。

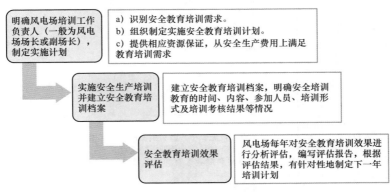

图 5-1　教育培训管理流程

二、人员教育培训

风电场涉及的岗位人员教育培训对象和培训内容见表 5-1。

表 5-1　　　　　　　　风电场涉及的岗位人员教育培训对象和培训内容

培训对象	风电场岗位人员	主要培训内容	培训要求
主要负责人、安全管理人员	分公司总经理、风电场场长、专（兼）职安全员	a）国家安全生产方针、政策和有关安全生产的法律、法规、规章及标准； b）安全生产管理、安全生产技术、职业卫生等知识； c）伤亡事故统计、报告及职业危害的调查处理方法； d）应急管理、应急预案编制及应急处置的内容和要求； e）国内外先进的安全生产管理经验； f）典型事故和应急救援案例分析； g）其他需要培训的内容	初次安全培训时间不得少于 32 学时。每年再培训时间不得少于 12 学时
从业人员	1. 风电场运维岗位人员	a）安全生产法律、法规和有关国家标准、行业标准； b）安全生产规章制度和操作规程； c）岗位安全操作技能； d）安全设备、设施、工具、劳动防护用品的使用、维修和保管知识； e）新工艺、新技术、新设备的安全技术知识； f）安全生产事故的防范意识和应急措施、自救互救知识； g）安全生产事故典型案例	根据培训计划定期对风电场运维岗位人员进行安全生产和职业卫生教育培训

培训对象	风电场岗位人员	主要培训内容	培训要求
从业人员	2. 风电场新上岗人员	公司级： a）本单位安全生产情况及安全生产基本知识； b）本单位安全生产规章制度和劳动纪律； c）从业人员安全生产权利和义务； d）有关事故案例等。 风电场级： a）工作环境及危险因素； b）所从事岗位可能遭受的职业伤害和伤亡事故； c）所从事岗位的安全职责、操作技能及强制性标准； d）自救互救、急救方法、疏散和现场紧急情况的处理； e）安全设备设施、个人防护用品的使用和维护； f）风电场安全生产状况及规章制度； g）预防事故和职业危害的措施及应注意的安全事项； h）有关事故案例； i）其他需要培训的内容。 班组级： a）岗位安全操作规程； b）岗位之间工作衔接配合的安全生产与职业卫生事项； c）有关事故案例； d）其他需要培训的内容	风电场新入职员工在上岗前必须进行公司、风电场、班组三级安全生产教育培训，岗前安全培训时间不得少于24学时
	3. 风电场运维岗位人员转岗、离岗一年以上重新上岗者	风电场级： a）工作环境及危险因素； b）所从事岗位可能遭受的职业伤害和伤亡事故； c）所从事岗位的安全职责、操作技能及强制性标准； d）自救互救、急救方法、疏散和现场紧急情况的处理； e）安全设备设施、个人防护用品的使用和维护； f）风电场安全生产状况及规章制度； g）预防事故和职业危害的措施及应注意的安全事项； h）有关事故案例； i）其他需要培训的内容。 班组级： a）岗位安全操作规程； b）岗位之间工作衔接配合的安全生产与职业卫生事项； c）有关事故案例； d）其他需要培训的内容	风电场运维岗位人员转岗、离岗一年以上重新上岗者，应进行风场级和班组级安全生产教育培训和考试，考试合格方可上岗
	4. 风电场特种作业、特种设备作业人员	根据《特种作业目录》和《特种设备作业人员作业种类与项目目录》识别，风电场目前主要涉及电工作业、高处作业，具体培训内容和要求见《特种作业人员安全技术培训考核管理规定》（2015年5月29日国家安全监管总局令第80号第二次修正），主要培训内容为特种作业相应的安全技术理论培训和实际操作培训	从事特种作业、特种设备的人员、值长及其他需与省调（地调）进行业务联系的运行值班人员应经有相应资质的机构培训合格，并应取得操作资格证书后方可

续表

培训对象	风电场岗位人员	主要培训内容	培训要求
从业人员			上岗作业，定期参加复审。离开特种作业岗位达 6 个月以上的特种作业人员，应当重新进行实际操作考核，经确认合格后方可上岗作业
	5. 风电场工作票签发人、工作负责人、工作许可人	《电力安全工作规程》《风力发电场安全规程》中有关工作票的相关内容	风电场上级公司每年应对风电场上报的工作票签发人、工作许可人、工作负责人进行年审、培训，经考试合格后，以正式文件公布
外来人员	1. 在风电场从事服务和作业活动的相关方（承包商、供应商等）	a）与从事服务和作业活动的外来人员有关的安全规定； b）可能接触到危害因素； c）所从事作业的安全要求； d）作业安全风险分析及安全控制措施； e）职业病危害防护措施； f）应急知识等	建立相关方安全生产教育培训档案，保存好安全考试资料
	2. 进入风电场检查、参观、学习的人员	a）安全规定； b）可能接触到的危险有害因素； c）职业病危害防护措施； d）应急知识等	对来风电场检查、参观、学习的人员进行必要的安全告知，同时必须有风电场人员陪同，外来人员不得独自进入生产现场

第六章

现场管理

一、设备设施管理

（一）设备设施建设

1. 安全设施"三同时"

（1）《建设项目安全设施"三同时"监督管理办法》第四条规定，生产经营单位是建设项目安全设施建设的责任主体。建设项目安全设施必须与主体工程同时设计、同时施工、同时投入生产和使用（简称"三同时"）。安全设施投资应当纳入建设项目概算。

（2）风电场安全设施"三同时"实施程序，见表6-1。

表6-1   风电场安全设施"三同时"实施程序

主要阶段	主 要 内 容
安全预评价	委托具有相应资质的安全评价机构，对其建设项目进行安全预评价，并编制安全预评价报告
安全设施设计	a）风电场初步设计时，应当委托有相应资质的设计单位对建设项目安全设施同时进行设计，编制安全设施设计。 b）风电场安全设施设计由生产经营单位组织审查，形成书面报告备查
安全设施施工和竣工验收	a）风电场安全设施的施工应当由取得相应资质的施工单位进行，并与主体工程同时施工。 b）风电场安全设施竣工或者试运行完成后，生产经营单位应当委托具有相应资质的安全评价机构对安全设施进行验收评价，并编制建设项目安全验收评价报告。 c）风电场竣工投入生产或者使用前，生产经营单位应当组织对安全设施进行竣工验收，并形成书面报告备查。安全设施竣工验收合格后，方可投入生产和使用。 d）生产经营单位应当按照档案管理的规定，建立建设项目安全设施"三同时"文件资料档案，并妥善保存

2. 职业病防护设施"三同时"

（1）《建设项目职业病防护设施"三同时"监督管理办法》第三条规定，建设项目职业病防护设施必须与主体工程同时设计、同时施工、同时投入生产和使用（统称建设项目职业病防护设施"三同时"）。建设单位应当优先采用有利于保护劳动者健康的新技术、新工艺、新设备和新材料，职业病防护设施所需费用应当纳入建设项目工程预算。

（2）风电场职业病防护设施"三同时"工作可以与安全设施"三同时"工作一并进行。可以将建设项目职业病危害预评价和安全预评价、职业病防护设施设计和安全设施设计、职业病危害控制效果评价和安全验收评价合并出具报告或者设计，并对职业病防护设施与安全设施一并组织验收。

（3）风电场职业病防护设施"三同时"实施程序，见表6-2。

表6-2   风电场职业病防护设施"三同时"实施程序

主要阶段	主要内容及要求
职业病危害预评价	对可能产生职业病危害的建设项目，风电场应当在建设项目可行性论证阶段进行职业病危害预评价，并编制预评价报告
职业病防护设施设计	a）存在职业病危害的建设项目，建设单位应当在施工前按照职业病防治有关法律、法规、规章和标准的要求，进行职业病防护设施设计。 b）职业病防护设施设计完成后，属于职业病危害一般的建设项目，其建设单位主要负责人或其指定的负责人应当组织职业卫生专业技术人员对职业病防护设施设计进行评审，并形成是否符合职业病防治有关法律、法规、规章和标准要求的评审意见
职业病危害控制效果评价与防护设施验收	a）风电场在竣工验收前或者试运行期间，应当进行职业病危害控制效果评价，编制评价报告。 b）属于职业病危害一般的建设项目，其建设单位主要负责人或其指定的负责人应当组织职业卫生专业技术人员对职业病危害控制效果评价报告进行评审，以及对职业病防护设施进行验收，并形成是否符合职业病防治有关法律、法规、规章和标准要求的评审意见和验收意见。 c）风电场建立健全建设项目职业卫生管理制度与档案

（二）设备设施验收

风电场主要设备设施验收依据标准或规范见表6-3。

表6-3   风电场主要设备设施验收依据标准或规范

序号	主要设备	验收依据标准或规范
1	六氟化硫断路器、GIS设备、真空断路器和高压开关柜、隔离开关、负荷开关、高压熔断器、避雷器和中性点放电间隙、干式电抗器和阻波器、电容器	《电气装置安装工程 高压电器施工及验收规范（附条文说明）》（GB 50147—2010）
2	电力变压器、油浸电抗器、互感器	《电气装置安装工程 电力变压器、油浸电抗器、互感器施工及验收规范（附条文说明）》（GB 50148—2010）
3	硬母线、软母线、金属封闭母线、气体绝缘金属封闭母线、绝缘子、金具、穿墙套管	《电气装置安装工程 母线装置施工及验收规范（附条文说明）》（GB 50149—2010）
4	风电场配电盘、保护盘、控制盘、屏、台、箱和成套柜。 风电场电气设备的操作、保护、测量、信号等回路及回路中的操动机构的线圈、接触器、继电器、仪表、互感器二次绕组等	《电气装置安装工程 盘、柜及二次回路接线施工及验收规范（附条文说明）》（GB 50171—2012）
5	风电场66kV及以下线路（包括杆塔、导地线、绝缘子和金具）	《电气装置安装工程 66kV及以下架空电力线路施工及验收规范（附条文说明）》（GB 50173—2014）
6	110kV～220kV架空输电线路	《110kV～750kV架空输电线路施工及验收规范（附条文说明）》（GB 50233—2014）
7	500kV及以下电力电缆线路及其附属设备和构筑物设施	《电气装置安装工程电缆线路施工及验收规范（附条文说明）》（GB 50168—2006）

续表

序号	主要设备	验收依据标准或规范
8	风力发电机组接地、输电线路杆塔接地、主控楼接地、继电保护及安全自动装置接地、电力电缆金属护层接地、配电电气装置接地、建筑物电气装置接地、携带式和移动式用电设备接地、防雷电感应和防静电接地	《电气装置安装工程　接地装置施工及验收规范》（GB 50169—2016）
9	用于交流 50Hz、额定电压 1000V 及以下，直流额定电压 1500V 及以下的电路中起通断、保护、控制或调节作用的低压电器，包括低压断路器、开关、隔离开关、电涌保护器、低压接触器、控制开关、低压熔断器等	《电气装置安装工程　低压电器施工及验收规范（附条文说明）》（GB 50254—2014）
10	风力发电机组	《风力发电机组验收规范》（GB/T 20319—2006）
11	风电场火灾自动报警系统	《火灾自动报警系统施工及验收规范（附条文说明）》（GB 50166—2007）
12	劳动安全与职业卫生设施	《风电场工程劳动安全与工业卫生验收规程（附条文说明）》（NB/T 31073—2015）

（三）设备设施运行

风电场应对设备设施进行规范化管理，建立设备设施管理台账，主要内容包括设备名称、编号、生产厂家、设备规范和型号、设备生产及投运日期、技术资料和图纸、设备检修维护和调试记录、设备检验和测试记录等。

风电场设备设施主要台账见表6-4。

表6-4　　　　　　　　　　　风电场设备设施主要台账

序号	主要设备设施台账名称	序号	主要设备设施台账名称
1	风电场一次设备管理台账	7	风电场安全工器具管理台账
2	风电场二次设备管理台账（包括继电保护设备、自动化装置、风电场通信装置等）	8	风电场电动工器具管理台账
3	风电场风机设备管理台账	9	风电场消防设备设施管理台账
4	风电场集电线路设备管理台账	10	风电场交通车辆管理台账
5	风电场送出线路设备管理台账	11	风电场特种设备管理台账
6	风电场备品备件管理台账		

注　风电场设备设施管理台账包括但不限于表中所列，仅供参考。

1. 风电场运行的一般规定

（1）风电场运行工作主要包括：

1）风电场系统运行状态的监视、调节、巡视检查。

2）风电场生产设备操作、参数调整。

3）风电场生产运行记录。

4）风电场运行数据备份、统计、分析和上报。

5）工作票、操作票、交接班、巡视检查、设备定期试验与轮换制度的执行。

6）风电场内生产设备的原始记录、图纸及资料管理。

7）风电场内房屋建筑、生活辅助设施的检查、维护和管理。

8）开展关于风电场安全运行的事故预想，并制定对策。

（2）应根据风电场安全运行需要，制定风电场各类突发事件应急预案。

（3）生产设备在运行过程中发生异常或故障时，属于电网调度管辖范围的设备，运行人员应立即报告电网调度；属于自身调度管辖范围的设备，运行人员根据风电场规定执行。

（4）风电场变电站中属于电网直接调度管辖的设备，运行人员按照调度指令操作；属于电网调度许可范围内的设备，应提前向所属电网调度部门申请，得到同意后进行操作。

（5）通过数据采集与监控系统监视风电机组、输电线路、升压变电站设备的各项参数变化情况，并做好相关运行记录。

（6）分析生产设备各项参数变化情况，发现异常后应加强该设备监视，并根据变化情况作出必要处理。

（7）对数据采集与监控系统、风电场功率预测系统的运行状况进行监视，发现异常情况后作出必要处理。

（8）定期对生产设备进行巡视，发现缺陷及时处理。

（9）进行电压和无功功率的监视、检查和调整，以防风电场母线电压或吸收电网无功功率超出允许范围。

（10）遇有可能造成风电场停运的灾害性气候现象（如沙尘暴、台风等），应向电网调度及相关部门报告，并及时启动风电场应急预案。

2. 风电场主要运行记录（参考）

风电场主要运行记录参考表6-5建立。

表 6 - 5 风电场主要运行记录

序号	记录名称	序号	记录名称
1	运行日志	9	设备巡视记录
2	运行日、月、年报表	10	工作票及操作票记录
3	气象记录（风速、风向、气温、气压）	11	培训工作记录
4	缺陷记录	12	安全活动记录
5	故障记录	13	反事故演习记录
6	设备定期试验记录	14	事故预想记录
7	交接班记录	15	安全工器具台账及试验记录
8	设备检修记录		

注 风电场主要运行记录包括但不限于表中所列，记录名称与实际应用有所差异，仅供参考。

3. 风电机组运行

（1）风电机组在投运前应具备的条件：

1）停运和新投入的风电机组在投入运行前应检查发电机定子、转子绝缘，合格后才允许启动。

2）经维修的风电机组在启动前，其设立的各种安全措施均已拆除。

3）外界环境条件符合风电机组的运行条件，温度、风速在机组设计参数范围内。

4）手动启动机组前叶轮表面应无覆冰、结霜现象。

5）机组动力电源、控制电源处于接通位置，电源相序正确，机组控制系统自检无故障信息。

6）各安全装置均在正常位置，无失效、短接及退出现象。

7）控制装置正确投入，且控制参数均与批准设定值相符。

8）机组各分系统的油温、油位正常，系统中的蓄能装置工作正常。

9）远程通信装置处于正常状态。

（2）风电机组运行安全：

1）经调试、检修和维护后的风电机组，启动前应办理工作票终结手续。

2）机组投入运行时，严禁将控制回路信号短接和屏蔽，禁止将回路的接地线拆除；未经授权，严禁修改机组设备参数及保护定值。

3）手动启动机组前叶轮表面应无结冰、积雪现象；机组内发生冰冻情况时，禁止使用自动升降机等辅助的爬升设备；停运叶片结冰的机组，应采用远程停机方式。

4）在寒冷、潮湿和盐雾腐蚀严重地区，停止运行一个星期以上的机组在投运前应检查绝缘，合格后才允许启动，受台风影响停运的机组，投入运行前必须检查机组绝缘，合格后方可恢复运行。

5）机组投入运行后，禁止在装置进气口和排气口附近存放物品。

6）应每年对机组的接地电阻进行测试一次，电阻值不宜高于 4Ω；每年对轮毂至塔架底部的引雷通道进行检查和测试一次，电阻值不应高于 0.5Ω。

7）每半年对塔架内安全钢丝绳、爬梯、工作平台、门防风挂钩检查一次；风电场安装的测风塔每半年对拉线进行紧固和检查，海边等盐雾腐蚀严重地区，拉线应至少每两年更换一次。

（3）风电机组巡视。风电机组开展巡视的内容见表 6-6。

表 6-6   风电机组开展巡视的内容

序号	巡视种类	巡视范围及周期	巡视项目	内　容
1	定期巡视	应定期对运行中的风电机组进行检查，及时发现设备缺陷和危及机组安全运行的隐患。定期巡视一般每个运行周期进行一次，也可根据具体情况做适当调整，巡视范围为风电场内的全部风电机组	整机状态检查	（1）机组整体运行声音； （2）周边有无影响机组运行的不安全因素
			风电机组基础检查	（1）基础周边回填土检查； （2）混凝土基础表面检查； （3）塔架基础环与混凝土接合情况检查； （4）基础附件检查
			塔架巡视检查	（1）塔架内外壁表面漆膜检查； （2）内部照明检查； （3）底部爬梯、防坠绳、助爬器及平台检查； （4）底部焊缝目视检查； （5）塔架与基础间接地连接检查
			电气柜巡视检查	（1）塔架内控制柜、电缆连接及照明检查； （2）操作面板检查； （3）控制柜通风散热、加热、密封及控制柜接地等检查，采用水冷方式的电气柜还应检查冷却液液位及液体渗漏情况
			叶片巡视检查	（1）外观检查； （2）叶片清洁度检查； （3）有无叶片裂缝检查； （4）叶片运行声音有无异常检查； （5）叶片表面有无覆冰、结霜检查
			外观与清洁巡视检查	（1）风电机组外观标识与清洁卫生检查； （2）外观标识（防滑、防坠落、防撞击、佩戴安全装备等安全提示及高压标识、关键操作提示等）情况检查； （3）风电机组塔筒底部内外的清洁卫生检查
			避雷、接地系统检查	（1）避雷器检查； （2）接地引下线检查

序号	巡视种类	巡视范围及周期	巡视项目	内　容
2	登机巡视	对风电机组设备情况进行登机检查，及时发现设备缺陷和危及机组安全运行的隐患。登机巡视范围为风电场内的全部风电机组，一般每季度进行一次，可根据具体情况做适当调整，也可与设备维护工作配合完成	风电机组基础检查	(1) 基础周边回填土检查； (2) 混凝土基础表面检查； (3) 塔架基础环与混凝土接合情况检查； (4) 基础附件检查
			塔架巡视检查	(1) 塔架内外壁表面漆膜检查； (2) 内部照明检查； (3) 爬梯、防坠绳、助爬器及平台检查； (4) 塔架内部焊缝检查； (5) 底、中、顶部法兰及紧固件连接螺栓检查； (6) 塔架与基础、塔架与机舱、各段塔架间接地连接检查； (7) 塔架内提升机盖板检查（提升机在塔架内情况）； (8) 电缆桥架、电缆防护套及电缆是否磨损、松动检查； (9) 导电轨有无松动、变形检查
			电气柜巡视检查	(1) 塔架内控制柜、电缆连接及照明检查； (2) 操作面板检查； (3) 各种传感器工作状况检查； (4) 各种测试功能检查； (5) 控制柜内接线检查，确保无任何与图纸不符的短接线； (6) 控制柜通风散热、加热、密封及控制柜接地等检查，采用水冷方式的电气柜还应检查冷却液液位及液体渗漏情况； (7) 通信系统检查
			偏航系统巡视检查	(1) 外观检查； (2) 紧固件螺栓检查； (3) 偏航驱动电动机检查； (4) 偏航减速器检查； (5) 偏航制动器检查，制动摩擦片间隙或制动阻尼器检查； (6) 偏航计数装置（限位开关、接近开关）检查； (7) 偏航系统润滑装置检查； (8) 偏航有无异常声音检查； (9) 偏航系统对风及解缆功能检查
			叶片与变桨系统巡视检查	(1) 外观检查； (2) 叶片清洁度检查； (3) 叶片表面有无覆冰、结霜检查； (4) 叶片防腐检查； (5) 叶片引雷装置接线检查； (6) 急停顺桨功能检查； (7) 液压站压力检查（液压变桨系统）； (8) 变桨系统蓄电装置检查（电变桨系统）； (9) 定桨控制系统检查； (10) 叶片与轮毂的连接螺栓紧固检查

续表

序号	巡视种类	巡视范围及周期	巡视项目	内　容
2	登机巡视	对风电机组设备情况进行登机检查，及时发现设备缺陷和危及机组安全运行的隐患。登机巡视范围为风电场内的全部风电机组，一般每季度进行一次，可根据具体情况做适当调整，也可与设备维护工作配合完成	轮毂巡视检查	（1）轮毂表面防腐涂层是否腐蚀、脱落及油污检查； （2）轮毂表面清洁度检查； （3）轮毂、导流罩表面是否有裂纹检查； （4）轮毂与主轴连接螺栓紧固情况检查； （5）轮毂与导流罩的连接螺栓有无松动、脱落检查
			主轴巡视检查	（1）外观检查； （2）紧固螺栓检查； （3）主轴承及润滑系统检查
			制动器巡视检查	（1）外观检查； （2）紧固螺栓力矩检查； （3）制动盘和摩擦片间隙检查； （4）摩擦片磨损程度检查； （5）制动盘检查，主要检查制动盘厚度、均匀度、裂纹等； （6）传感器工作情况检查； （7）刹车液压压力检查
			发电机巡视检查	（1）弹性减振器检查 （2）发电机与底座螺栓检查； （3）发电机绕组绝缘、直流电阻检查； （4）发电机轴承声音、油脂检查； （5）电缆及其紧固检查； （6）通风及冷却系统检查； （7）电动机运转声音检查
			液压系统巡视检查	（1）电气接线状况检查； （2）系统各液压阀件检查； （3）控制阀件参数定值检查； （4）连接软管及液压缸泄漏和磨损情况检查； （5）液压油位、系统渗漏情况检查； （6）油过滤器、空气过滤器检查； （7）液压系统储能罐检查； （8）油箱渗漏及清洁情况检查
			外观与清洁巡视检查	（1）风电机组外观标识与清洁卫生检查； （2）外观标识（各类安全提示及高压标识、关键操作提示等）情况检查； （3）风电机组外部、内部清洁卫生检查
			避雷、接地系统检查	（1）避雷器检查； （2）接地引下线检查； （3）旋转导电单元检查

续表

序号	巡视种类	巡视范围及周期	巡视项目	内　　容
3	特殊巡视	在气候剧烈变化、自然灾害、外力影响和其他特殊情况时，对运行中的风电机组运行情况进行检查，及时发现设备异常现象和危及机组安全运行的情况。特殊巡视根据需要及时进行	结合现场实际情况确定巡视项目	结合现场实际情况确定巡视内容

4. 电气设备运行

（1）一般要求：

1）设备不停电时，人员在现场应符合表 6-7 规定的安全距离要求。

表 6-7　　　　　　　　　安 全 距 离 要 求

电压等级（kV）	安全距离（m）	电压等级（kV）	安全距离（m）
10 及以下	0.70	220	3.00
35	1.00	330	4.00
110	1.50	750	7.20

2）高压设备符合下列条件时，可实行单人值班或操作：

a. 室内高压设备的隔离室设有安装牢固、高度大于 1.7m 的遮栏，遮栏通道门加锁；

b. 室内高压断路器的操作机构用墙或金属板与该断路器隔离或装有远方操作机构。

3）高压设备发生接地故障时，室内人员进入接地 4m 以内，室外人员进入接地点 8m 以内，均应穿绝缘靴。接触设备的外壳和构架时，还应戴绝缘手套。

（2）电气设备巡视：

1）巡视高压设备时，不宜进行其他工作。

2）雷雨天气巡视室外高压设备时，应穿绝缘靴，不应使用伞具，不应靠近避雷器和避雷针。

（3）电气操作。

1）操作发令：

a. 发令人发布指令应准确、清晰，使用规范的操作术语和设备名称。

b. 受令人接令后，应复诵无误后执行。

2）操作方式：

a. 电气操作有就地操作、遥控操作和程序操作三种方式。

b. 正式操作前可进行模拟预演，确保操作步骤正确。

3）操作分类：

a. 监护操作，是指有人监护的操作。

b. 单人操作，是指一人进行的操作。

c. 程序操作，是指应用可编程计算机进行的自动化操作。

4）操作票填写：

a. 操作票是操作前填写操作内容和顺序的规范化票式，可包含编号、操作任务、操作顺序、操作时间，以及操作人或监护人签名等。

b. 操作票由操作人填用，每张票填写一个操作任务。

c. 操作前应根据模拟图或接线图核对所填写的操作项目，并经审核签名。

d. 应填入操作票的项目：拉合断路器和隔离开关，检查断路器和隔离开关的位置，验电、装拆接地线，检查接地线是否拆除，安装或拆除控制回路或电压互感器回路的熔断器，切换保护回路和检验是否确无电压等。

e. 事故紧急处理、程序操作、拉合断路器（开关）的单一操作，以及拉开全站仅有的一组接地隔离开关或拆除仅有的一组接地线时，可不填用操作票。

5）操作的基本条件：

a. 具有与实际运行方式相符的一次系统模拟图或接线图。

b. 电气设备应具有明显的标志，包括命名、编号、设备相色等。

c. 高压电气设备应具有防止误操作闭锁功能，必要时加挂机械锁。

5. 电力线路运行

（1）一般要求。线路运行与维护包含线路巡视、线路停复役操作、杆塔及配电设备维护和测量、砍剪树木等。作业时应注意自我防护，保持安全距离。

（2）线路巡视：

1）单人巡线时，不应攀登杆塔。

2）恶劣气象条件下巡线和事故巡线时，应依据实际情况配备必要的防护用具、自救器具和药品。

3）夜间巡线应沿线路外侧进行。

4）大风时，巡线宜沿线路上风侧进行。

5）事故巡线应始终认为线路带电。

（四）设施设备检修

1. 风电场设施设备检修总则

（1）风电场检修应遵循"预防为主，定期维护和状态检修相结合"的原则。

（2）风电场检修安全应符合《风力发电场安全规程》（DL/T 796—2012）的要求。

（3）风电场检修应在定期维护的基础上，逐步扩大状态检修的比例，最终形成一套融定期维护、状态检修、故障检修为一体的优化检修模式。

（4）风电场应按照有关技术法规、设备的技术文件、同类型机组的检修经验及设备状态评估结果等，合理安排设备检修。

（5）风电场应制定检修计划和具体实施细则，开展设备检修、验收、管理和修后评估工作。

（6）风电场检修人员应熟悉系统和设备的构造、性能和原理，熟悉设备的检修工艺、工序、调试方法和质量标准，熟悉安全工作规程，掌握相关的专业技能。

（7）风电场应加强对检修工器具的管理，正确使用相关工器具；需要定期检验的工器具应根据使用说明及相关标准进行定期检验与校准。

（8）风电场应制定检修过程中的环境保护和劳动保护措施，改善作业环境和劳动条件，合理处置各类废弃物，文明施工、清洁生产。

（9）风电场应结合现场具体情况，制定相应的设备检修规程，指导现场检修作业。

（10）检修施工宜采用先进工艺和新技术、新方法，推广应用新材料、新工具，提高工作效率，缩短检修工期。

（11）输变电设备的检修应按照《滤波器及并联电容器装置检修导则》（DL/T 355—2010）、《电力变压器检修导则》（DL/T 573—2010）、《变压器分接开关运行维修导则》（DL/T 574—2010）、《电力系统用蓄电池直流电源装置运行与维护技术规程》（DL/T 724—2000）、《互感器运行检修导则》（DL/T 727—2013）、《互感器运行检修导则》（DL/T 741—2010）的有关规定执行。

2. 风电场检修项目和周期

风电场检修项目和周期参考表 6-8 实施。

表 6-8   风电场检修项目和周期

检修项目		内容或有关要求	备注
1. 故障检修	日常检修	临时故障的排除,包括过程中的检查、清理、调整、注油及配件更换等,没有固定的时间周期	故障检修是指设备在发生故障或其他失效时进行的检查、隔离和修理等非计划检修方式
	大型部件检修	大型部件检修是指风电机组叶片、主轴、发电机、风电机组升压变压器等的修理或更换,应根据设备的具体情况及时实施	
2. 定期维护		定期维护必须进行较全面的检查、清扫、试验、测量、检验、注油润滑、修理和易耗品更换,消除设备和系统的缺陷,定期维护周期可为半年、一年,特殊项目的维护周期结合设备技术要求确定	定期维护是指根据设备磨损和老化的统计规律,事先确定检修等级、检修间隔、检修项目、需用备件材料等的计划检修方式
3. 状态检修	状态监测	对风电机组振动状态、数据采集与监控系统(SCADA)数据等进行监测,分析判定设备运行状态、故障部位、故障类型及严重程度,提出检修决策。风电场应根据自身情况定期出具状态监测报告	状态检修是指根据状态监测和故障诊断技术提供的设备状态信息,评估设备的状态,在故障发生前选择合适的时间进行检修的预知检修方式
	油品检测	对风电机组润滑油、液压系统用油等进行油品检测,分析判定设备的润滑状态及磨损状况,预测和诊断设备的运行状况,提出管理措施和检修决策	状态监测是指通过对运行中的设备整体或其零部件的技术状态进行监测,以判断其运转是否正常,有无异常与劣化的征兆,或对异常情况进行跟踪,预测其劣化的趋势,确定其劣化及磨损程度等行为

3. 检修基本管理

风电场检修基本管理参考表 6-9 实施。

表 6-9   风电场检修基本管理

名称	基本管理要求
检修计划	(1)风电场每年应编制年度检修计划并严格执行,不得随意更改或取消,不得无故延期或漏检,切实做到按时实施,可根据需要编制跨年度检修规划。 (2)风电场应依据设备的检修周期、设备状态监测报告、设备维护手册提供的检修要求、当地的气象特点,编制下年度检修计划。 (3)检修计划的内容主要包括项目名称、机号、机组类型、维护级别、维护时间、维护项目、起止日期、列入计划的原因、施工方式、领用物资(材料和备件)和各种费用等
备品备件管理	(1)风电场应按照可靠性和经济性原则,结合风电场装机情况、设备故障概率、采购周期、采购成本和检修计划确定风电场所需备品备件的定额。 (2)为保证检修计划的顺利进行,维护检修项目所需备品备件,应按计划提前订购。 (3)风电场应有相应人员负责备品备件的管理,并建立备品备件采购计划表、备品备件出入库登记表、备品备件使用统计表、备品备件维修记录表等。 (4)风电场备品备件应按照不同属性分类保管,及时更新备品备件库资料,做到账卡物一致,并逐步实现备品备件的信息化管理。 (5)风电场应根据自己的技术水平和备品备件维修产生的效益,合理安排缺陷部件的修理和再利用

名称	基本管理要求
委托检修管理	（1）受托方应具有相应的资质、业绩、完善的质量保证体系和职业健康安全体系。 （2）风电场应对委托项目的安全、质量、进度实施全过程管理
检修费用管理	（1）风电场检修应实行预算管理，成本控制。 （2）风电场应编制检修预算，制定相应管理制度考核办法，提高检修费用的使用效益。 （3）风电场检修预算项目主要包括风电机组日常检修和定期维护项目、大型部件检修项目、输变电设备维护和试验项目等

4. 风电场检修全过程管理基本要求

（1）风电场检修实施全过程管理，使检修计划制定、材料和备品备件采购、技术文件编制、施工、验收及检修总结等环节处于受控状态，以达到预期的检修效果和质量目标。

（2）风电场应收集和整理检修相关技术资料，建立检修技术资料档案。

（3）风电场应根据检修计划，落实材料和工器具的采购、验收及保管工作。

（4）施工机具、安全用具、测试仪器仪表应检验合格。

（5）开工前，检修工作负责人应组织检查各项工作的准备情况。

（6）检修工作应执行工作票制度。

（7）风电场应按照质量验收标准履行规范的验收程序。

（8）检修结束，恢复运行前，检修人员应向运行人员说明设备状况及注意事项，提交设备变更记录。

（9）工作结束后应及时清理工作现场，妥善处理废弃物。

（10）检修后应及时提交检修报告和总结，并存档。

（11）设备检修记录、报告和设备变更等技术文件，应作为技术档案保存。

（五）特种设备管理

1. 风电场特种设备使用管理

（1）特种设备在投入使用前或者投入使用后 30 日内，由风电场负责向当地质量技术监督部门办理注册登记，登记标志及检验合格标志应当置于或者附着于该特种设备的显著位置。

（2）风电场应指定专人负责特种设备的日常管理工作。特种设备管理人员应当掌握相关技术知识，熟悉有关特种设备的法规和标准，并履行以下职责：

1）检查和纠正特种设备使用中的违章行为；

2）管理特种设备档案；

3）编制常规检查计划并组织落实；

4）编制定期检验计划并落实定期检验的报检工作；

5）组织紧急救援演习；

6）制定本单位特种设备作业人员的培训计划。

（3）特种设备月检至少应检查下列项目：

1）各种安全装置或者部件是否有效；

2）动力装置、传动和制动系统是否正常；

3）润滑油量是否足够，冷却系统、备用电源是否正常；

4）绳索、链条及吊辅具等有无超过标准规定的损伤；

5）控制电路与电气元件是否正常。

（4）特种设备日检至少应检查下列项目：

1）运行、制动等操作指令是否有效；

2）运行是否正常，有无异常的振动或者噪声；

3）门联锁开关及安全带等是否完好（如设备存在这些装置）；

4）检查应当作详细记录，并存档备查。

（5）对在用特种设备的安全附件、安全保护装置、测量调控装置及有关附属仪器仪表进行定期校验、检修，并做出记录。

2. 特种设备维护保养管理

（1）风电场负责对日常维护所产生的记录进行填写和管理。

（2）特种设备维护保养操作人员，应经过专业培训和考核，取得相应的作业证后方可上岗操作。无特种设备维护保养资格的人员或应由资质单位维保的特种设备，须委托取得特种设备维护保养资格的单位对特种设备进行日常维修保养。

（3）特种设备维修保养单位应取得特种设备的安装、维修、改造资质，应对维修保养、质量和安全技术性能负责。

（4）特种设备的维护、保养业务不得以任何形式进行转包或分包。

3. 特种设备档案管理

（1）特种设备应单独建档，并建立台账。

（2）特种设备档案应包括：

1）特种设备台账；

2）特种设备出厂时所附带的有安全技术规范要求的设计文件、产品质量合格证明、安装及使用维修说明、监督检验证明等；

3）注册登记文件、安装监督检验报告等；

4）特种设备的定期检验和定期自行检查的记录；

5）特种设备日常使用状况记录；

6）特种设备及其安全附件、安全保护装置、测量调控装置及相关附属仪表的日常维护保养记录；

7）特种设备运行故障和事故记录；

8）大修、改造的记录及其验收资料。

4. 特种设备定期检验

风电场可能涉及的特种设备定期检验周期参考表 6－10 实施。

表 6－10　　　　　　　　　　　　风电场特种设备检验周期

序号	风电场特种设备名称	检验周期
1	压力容器：气瓶	盛装腐蚀性气体的气瓶每 2 年检验一次；盛装一般气体的气瓶，每 3 年检验一次；液化石油气钢瓶按《液化石油气钢瓶定期检验与评定》（GB 8334—2011）的规定进行检验；盛装惰性气体的气瓶每 5 年检验一次；车用压缩天然气钢瓶，每 3 年检验一次
2	起重设备，主要包括风电场风电机组配置升降机（一般指额定起重量大于或等于 0.5t 的升降机）、配置起重机械、租用或相关方使用的起重设备等	每 2 年至少进行一次检验
3	风电场内专用机动车辆（叉车等）	每年至少进行一次检验

注　1. 风电场特种设备应当按照安全技术规范的定期检验要求，在安全检验合格有效期届满前 1 个月向特种设备检验部门提出检验申请。未经定期检验或者检验不合格的特种设备，不得继续使用。

　　2. 所使用的特种设备因故需要停止使用且期限超过 1 年时，应当报该设备注册登记机构备案，办理报停手续，其停止使用期间不对其进行定期检验。

　　3. 已办理停用的特种设备应在设备的明显位置粘贴（悬挂）停用标志。

　　4. 启用已停用的特种设备，应当到原登记的特种设备安全监督管理部门重新办理登记手续；启用已停用一年以上的特种设备，应当先向特种设备检验检测机构申报检验，经检验合格后方可使用

5. 特种设备作业人员管理

（1）特种设备作业人员应当按照国家有关规定经特种设备安全监督管理部门考核合格，并取得国家统一格式的特种设备作业人员证书后，方可从事相应的作业或者管理工作。

（2）应对特种设备作业人员进行特种设备安全教育和培训，保证特种设备作业人员具备必要的特种设备安全知识。

（3）风电场应建立健全特种设备作业人员台账，监督持证上岗。

（4）特种设备作业人员在作业中应当严格执行特种设备的操作规程和有关的安全规章制度。

（5）特种设备作业人员在作业过程中发现事故隐患或者其他不安全因素，应当立即向现场安全管理人员和单位有关负责人报告。

6. 特种设备安全管理台账

风电场涉及的特种设备安全管理台账参考表 6－11 建立。

表 6-11   风电场特种设备安全管理台账

序号	文 件 名 称
1	企业特种设备基本情况
2	特种设备台账
3	特种设备安全附件台账
4	特种设备作业人员台账
5	特种设备运行故障和事故记录表
6	特种设备事故应急救援预案
7	特种设备管理制度（按拥有特种设备种类设立）： （1）作业人员管理制度； （2）运行管理制度； （3）安全操作规程； （4）隐患排查制度； （5）维护保养制度； （6）事故报告制度
8	特种设备安全技术档案内容包括： （1）特种设备的设计文件、制造单位、产品质量合格证明、使用维护说明等文件及安装技术文件和资料； （2）特种设备的定期检验和定期自行检查的记录； （3）特种设备的日常使用状况记录； （4）特种设备及其安全附件、安全保护装置、测量调控装置及有关附属仪器仪表的日常维护保养记录； （5）特种设备运行故障和事故记录

二、作业安全

（一）作业环境和作业条件

1. 作业环境

风电场作业环境相关要求见表 6-12。

表 6-12   风电场作业环境相关要求

序号	项目	作业环境要求
1	建筑物	建（构）筑物布局合理，易燃易爆设施、危险品库房与办公楼、宿舍楼等距离符合安全要求，具体依据《建筑设计防火规范》（GB 50016—2014）的相关要求
		建（构）筑物结构完好，无异常变形和裂纹、风化、下塌现象，门窗结构完整
		建（构）筑物的化妆板、外墙装修不存在脱落伤人等缺陷和安全隐患，屋顶、通道等场地符合设计荷载要求
		生产厂房内外保持清洁完整，无积水、油、杂物，门口、通道、楼梯、平台等处无杂物阻塞
		防雷建筑物及区域的防雷装置应符合有关要求，并按规定定期检测

序号	项目	作业环境要求
2	安全设施	楼板、升降口、吊装孔、地面闸门井、雨水井、污水井、坑、池、沟等处的栏杆、盖板、护板等设施齐全,符合国家标准及现场安全要求;因工作需拆除的防护设施,必须装设临时遮栏或围栏,工作终结后,及时恢复防护设施。 孔洞、坑、池、沟的盖板边缘大于孔洞边缘 100mm
		电气高压试验现场应装设遮栏或围栏,设醒目安全警示牌
		污水井具有防人员坠落措施
		梯台的结构和材质良好,钢直梯护圈和踢脚板等防护功能齐全,符合安全生产要求。固定式钢直梯梯段大于 3m 处宜设置护笼,单段梯高度大于 7m 时应设置护笼。如果不能设置护笼,应有防坠设施
		机器的转动部分防护罩或其他防护设备(如栅栏)应齐全、完整,露出的轴端设有护盖
		电气设备金属外壳接地装置齐全、完好
		生产现场紧急疏散通道必须保持畅通
3	生产区域照明	风电场变电站内工作场所常用照明应保证足够亮度,仪表盘、楼梯、通道等地方光亮充足
		控制室、继电保护室、母线室、高压开关室、配电室、升压站及楼梯、通道等场所事故照明配置合理,自动投入安全可靠
		常用照明与事故照明定期切换并有记录。应急照明齐全,符合相关规定
4	保温	生产厂房取暖用热源有专人管理,设备及运行压力符合规定。 生产厂房内的暖气布置合理,效果明显。各项防寒防冻措施落实
5	电源箱及临时接线	电源箱箱体接地良好,接地线应选用足够截面的多股线,箱门完好,开关外壳、消弧罩齐全,引入、引出电缆孔洞封堵严密,室外电源箱防雨设施良好
		电源箱导线敷设符合规定,采用下进下出接线方式,内部器件安装及配线工艺符合安全要求,漏电保护装置配置合理、动作可靠,各路配线负荷标志清晰,熔丝(片)容量符合规程要求,无铜丝等其他物质代替熔丝现象
		电源箱保护接地、接零系统连接正确、牢固可靠,符合安全生产要求。插座相线、中性线布置符合规定,接线端子标志清楚
		临时用电电源线路敷设符合规程要求,不得在有爆炸和火灾危险场所架设临时线,不得将导线缠绕在护栏、管道及脚手架上或不加绝缘子捆绑在护栏、管道及脚手架上
		临时用电导线架空高度要求:室内大于 2.5m、室外大于 4m、跨越道路大于 6m(指最大弧垂)。原则上不允许地面敷设,若采取地面敷设应采取可靠、有效的防护措施。 临时线不得接在刀闸或开关上口,使用的插头、开关、保护设备等符合要求

2. 作业条件

(1)高处作业。风电场高处作业相关规定见表 6-13。

表 6－13   风电场高处作业相关规定

高处作业定义	（1）高处作业：指在距坠落高度基准面 2m 及以上有可能坠落的高处进行的作业。 （2）坠落防护装备：防止高处作业人员坠落伤害的防护用品，包括坠落悬挂安全带、安全绳、自锁器等。 （3）缓冲器：与安全绳串联在系带与挂点之间，发生坠落时吸收部分冲击能量、降低冲击力的部件。 （4）自锁器：附着在导轨上，由坠落动作引发制动作用的部件。 （5）逃生缓降器：通过主机内的行星轮减速机构及摩擦轮毂内摩擦块的作用，保证使用者依靠自重以一定速度安全降至地面的往复式自救逃生器械
高处作业一般规定	（1）风电场应制定高处作业规章制度，保证高处作业的安全投入，提供安全的作业环境和坠落防护装备。 （2）风电场每季度至少进行一次坠落防护装备的专项检查，发现有缺陷的装备应立即退出使用，无法修复的应做破坏性处理。 （3）工作负责人应根据高处作业情况制定施工方案和安全防护措施，并确保落实。 （4）登高作业前，工作负责人应召开专项安全会，对高处作业进行分工布置，提示作业风险和安全注意事项，对坠落防护装备及佩戴情况进行检查。 （5）作业人员应了解高处作业风险，熟知作业程序和相关安全要求，遵守高处作业规章制度，执行高处作业工作计划；正确佩戴和使用坠落防护装备，发现安全隐患或危险，应立即报告工作负责人；有权拒绝违章指挥和强令冒险作业
高处作业条件	（1）从事高处作业的单位应安排新员工或转岗新员工接受上岗前安全培训，上岗初期应指派有经验的员工进行业务指导直至其能够独立操作。 （2）作业人员应经高处作业安全技能、高处救援与逃生培训，并经考试合格，持证上岗。 （3）作业人员应经体检合格后方可上岗，患有心脏病、高血压、癫痫病、恐高症等疾病的人员不得从事高处作业。 （4）饮酒后或服用降低判断力和行动能力的药品期间，不得从事高处作业。身体不适、情绪不稳定，不得从事高处作业。 （5）当风速在 18m/s 及以上或雷电天气中，严禁高处作业。 （6）夜间进行高处作业应具备良好的照明器具，照明效果不佳时不应进行高处作业
高处作业要求	（1）进入工作现场必须戴安全帽，高作业必须穿工作服，佩戴坠落防护装备，穿安全鞋，戴防护手套。登塔人员体重及负重之和不得超过 100kg。 （2）应对高处作业下方周围区域进行安全隔离，隔离范围应满足坠落防护距离要求，悬挂安全警示标志。风电机组进行高处作业时，严禁非工作人员靠近风电机组或在机组底部附近逗留。车辆应停泊在塔架上风向 20m 及以外的区域。 （3）高处作业所用工具、材料应妥善摆放，保持通道畅通，易滑动、滚动的工具、材料应采取措施防止坠落伤人。 （4）高处作业人员随身携带的物品及工具应妥善保管并做好防坠措施，上下运送的工具、材料、部件应装入工具袋使用绳索系送或吊机运送，严禁抛掷。 （5）高处作业应尽可能避免上下垂直交叉作业。若必须进行垂直交叉作业，应指定人员上下路线，采取可靠的隔离措施。 （6）攀爬风电机组时，应将机组置于停机状态；严禁两名及以上作业人员在同一段塔架内同时攀爬；上下攀爬风电机组，通过塔架平台盖板后，应立即随手关闭盖板；随身携带工具人员应后上塔、先下塔；到达塔架顶部平台或工作位置，应先挂好安全绳，后解自锁器；在塔架爬梯上作业，应系好安全绳。 （7）使用风电机组吊机运送物品过程中，作业人员必须使用坠落防护装备。从塔架外部吊送时，必须使用缆风绳控制被吊物品。 （8）在风电场涉及脚手架、梯子等高处作业时，应遵照《电业安全工作规程 第 1 部分：热力和机械》（GB 26164.1）的有关规定执行。

高处作业要求	（9）在风电场架空线路的杆塔上工作时，应遵照《电力安全工作规程 电力线路部分》（GB 26859）的有关规定。 （10）在风电场变电站作业时，应遵照《电力安全工作规程 发电厂和变电站电气部分》（GB 26860）的有关规定。 （11）在风电场进行风电机组安装作业时，作业人员应按《风力发电场安全规程》（DL 796）的有关规定执行。 （12）风电场进行起重作业时，吊装现场的吊装机械、吊绳索、缆风绳等吊装设备和被吊物品应与输电线路保持安全距离，并满足《起重机械安全规程 第 1 部分：总则》（GB 6067.1）的要求
高处作业安全防护	（1）个人坠落防护装备在每次使用前应进行外观检查，严禁使用存在缺陷的坠落防护装备。 （2）坠落悬挂安全带、安全绳、自锁器等装备的选择、使用和检查应符合《安全带》（GB 6095）的要求。 （3）安全绳的挂点应选择作业人员上方尽可能高的位置，挂点与作业人员的水平距离应尽可能靠近。 （4）安全绳挂点应选用结实牢固的构件或风电机组指定的挂点，挂点应能承担 22kN 的冲击力，严禁选用格栅、电线护管、仪表管线、电缆托盘、未妥善固定的移动部件等作为挂点。 （5）安全绳应避免接触边缘锋利的构件，严禁对安全绳进行接长使用。 （6）攀爬梯子应使用自锁器做防坠保护，上下爬梯时应双手扶梯，严禁手中持物上下爬梯。 （7）个人安全防护装备只能用于作业人员安全防护，不得用作其他用途。 （8）个人坠落防护装备在携带过程中，应单独存放，不应与工器具或风电机组零部件放在一起
高处特殊作业	（1）特殊作业包括强风高处作业、异温高处作业、雪天高处作业、雨天高处作业、悬空高处作业、抢救高处作业、机舱外作业、轮毂内作业、使用吊篮进行叶片和塔架维护作业等。 （2）在 10.8m/s 及以上的大风及暴雨、大雾等恶劣天气中，不应在风电机组机舱外作业。 （3）在风电机组机舱外等无安全防护设施的平台上，作业人员应使用双钩安全绳。 （4）在风电机组机舱顶部作业时，安全绳应挂在挂点或牢固构件上；使用风电机组机舱顶部防护栏杆作为安全绳挂点时，每个栏杆最多悬挂两根安全绳。 （5）从风电机组机舱外部进入轮毂时，必须使用双钩安全绳。安全绳的挂点应分别在轮毂两侧的栏杆上。 （6）风速超过 12m/s 时，不得在轮毂内工作。 （7）使用吊篮进行叶片和塔架维护高处作业，吊篮上的作业人员应配置独立于悬吊平台的安全绳及坠落防护装备，并始终将安全带系在安全绳上。使用吊篮作业时，应不少于两根缆风绳控制吊篮方向

（2）起重作业。风电场涉及起重作业的相关规定见表 6-14。

表 6-14　　　　　　风电场涉及起重作业的相关规定

起重作业一般要求	（1）在进行设备检修、改造工程与基本建设建筑安装工作前，必须在施工组织设计中明确所采用起重设备的规范与安全操作要求。 （2）制定起重作业和起重设备设施管理制度，建立健全安全技术档案和设备台账，定期进行检验。 （3）做好起重设备维修保养，维修保养单位具备相应资质。 （4）起重机械工作性能良好，金属结构、主要零部件完好，电气和控制系统可靠，安全保（防）护装置、联（闭）锁装置功能正常，设备安全满足要求。 （5）重大物件起吊应制定安全方案，落实安全措施，并有专业技术人员指挥。

续表

起重作业一般要求	（6）特种作业人员必须经专门的安全技术培训并考核合格，取得特种作业操作证后，方可上岗作业。 （7）起重机械和起重工具的工作负荷，不准超过铭牌规定。 （8）各式起重机、各种简单起重机械、钢丝绳、麻绳、纤维绳、吊装带、吊环等的检查和试验等，可参考《起重机械定期检验规则》（TSG Q7015—2016）附录 C 的有关资料。 （9）一切重大物件的起重、搬运工作应由有经验的专人负责指挥，参加工作的人员应熟悉起重搬运方案和安全措施。 （10）起重搬运时应由一人指挥，指挥人员应经有关机构专业技术培训取得资格证书的人员担任。 （11）其他安全要求依据《电业安全工作规程　第 1 部分：热力机械》（GB 26164.1—2010）和《起重机械安全规程》（GB 6067.1—2016）中的有关规定执行
起重作业"十不吊"	（1）超过额定负荷不吊； （2）指挥信号不明，重量不清，光线暗淡不吊； （3）吊索和附件捆绑不牢，不符合安全要求不吊； （4）行车悬挂重物直接进行加工不吊； （5）歪拉斜挂不吊； （6）工件上站人或工件上有浮动物不吊； （7）氢气瓶、氧气瓶、乙炔瓶等具有爆炸性物体不吊； （8）埋在地下的物体不吊； （9）有棱角缺口物体未垫好不吊； （10）违章指挥不吊

（3）有限空间作业。风电场涉及有限空间作业的相关规定见表 6－15。

表 6－15　　　　　　　　　风电场涉及有限空间作业的相关规定

有限空间定义	指与外界相对隔离，进出口受限，自然通风不良，足够容纳一人进入并从事非常规、非连续作业的有限的空间
有限空间作业安全一般注意事项	（1）按规定严格执行检修工作票制度。 （2）所有工作人员根据具体工作性质，事先学习使用电气工具应注意的事项及触电、窒息急救法、心肺复苏法，并熟悉有关烧伤、烫伤、外伤、气体中毒等急救常识，熟悉消防灭火的基本知识。 （3）行灯电压不准超过 36V。在特别潮湿或周围均属金属导体的地方工作时，行灯的电压不准超过 12V。 （4）在有限空间内作业时应加强通风，工作场所应备有灭火器和干砂等消防工具，严禁明火。 （5）在有限空间内工作时，应至少有两人一起工作，有限空间外应有人监护。在可能发生有害气体的情况下，则工作人员不少于三人，其中两人在外面监护。监护人应站在能看到或听到有限空间内工作人员的地方，以便随时进行监护。监护人不准同时担任其他工作。 （6）工作完毕后，工作负责人必须清点人员和工具，检查是否有人或工具还留在作业区内。 （7）有限空间作业除做好常规的安全措施外，应特别注意通风、照明、警戒、事故（职业病）预防、应急措施等。发生事故、险情时要正确处置，防止由于盲目施救导致事故后果扩大情况的发生

（4）电气安全。风电场涉及电气安全工器具作业的相关规定见表 6－16。

表 6－16　　　　风电场涉及电气安全工器具作业的相关规定

电气安全工器具管理要求	（1）风电场应建立电气安全用具、手持电动工具、移动式电动机具台账，统一编号，专人专柜对号保管，定期试验。作业人员应具备必要的电气安全知识，掌握使用方法并在有效期内正确使用。 （2）风电场购置的电气安全用具、手持电动工具、移动式电动机具经国家有关部门试验鉴定合格。 （3）安全工器具应按规定统一名称、编号。安全工器具必须建立健全管理台账，做到账、卡、物相符，试验报告齐全、专人保管、登记注册，并建立每件用具的试验检查记录。 （4）风电场安全工器具要定期进行检查并做好记录，对不合格的安全工器具提出报废申请，按规定报废、销毁，并做好记录。 （5）安全工器具应委托有资质的部门进行试验。 （6）安全工器具经试验合格后，必须及时贴上"试验合格证"标签。安全工器具的试验报告，一份交使用部门，一份由试验部门存档。试验报告保存两个试验周期
风电场常用电气安全工器具配置要求	（1）电容型验电器、核相器、绝缘电阻测试表等应按照使用气候条件、环境温度选择类型，并根据电压等级进行配置。 （2）携带型短路接地线应按不同电气等级进行配置，并满足母线及最大检修需要。 （3）绝缘杆、绝缘罩、绝缘隔板、绝缘夹钳、绝缘手套、绝缘靴、绝缘垫等应根据作业环境和电压等级进行配置
电气安全工器具存放要求	（1）电力安全工器具应按其材质、用途分类存放，防止挤压及与尖锐物体碰撞，避免阳光直射，同时保证存放环境干净整洁、通风良好，远离油、酸、碱及其他腐蚀性化学品等有害物质。 （2）电力安全工器具宜存放在干燥通风，满足温、湿度要求的安全工器具室或安全工器具柜内

（5）防爆安全。风电场涉及防爆安全作业的相关规定见表 6－17。

表 6－17　　　　风电场涉及防爆安全作业的相关规定

风电场涉及防爆设备或场所	油浸式变压器、六氟化硫高压气瓶、液化气瓶、蓄电池室、柴油发电机、贮油室等
安全要求	（1）高压气瓶无严重腐蚀或严重损伤，定期检验合格，并在检验周期内使用。色标、色环清晰，安全装置良好，存放符合要求，使用符合安全规定。 （2）蓄电池室、油罐室、油处理室等重点场所使用防爆型照明和通风设备，配备有必要的防爆工具。 （3）在易爆场所或设备设施及系统上作业，要严格履行工作许可手续，保持与运行系统的有效隔离，并落实防爆安全措施

（6）消防安全。风电场消防安全相关规定见表 6－18。

表 6-18　　　　　　　　　　风电场消防安全相关规定

风电场消防工作方针	预防为主，防消结合
风电场消防安全重点部位	风电场贮油库房（存放柴油、汽油、变压器油、风机用各种油脂用库房）、油浸式变压器、电缆间及电缆通道、集控室、继电保护室、风电机组机舱及塔筒、蓄电池室、档案室、其他易燃易爆物品存放场所等
风电场消防安全教育培训一般规定	（1）对新上岗和进入新岗位的员工进行上岗前消防安全培训，经考试合格后方能上岗。 （2）对在岗的员工每年至少进行一次消防安全培训。 （3）消防安全教育培训的内容主要包括国家消防工作方针、政策，消防法律法规，火灾预防知识，火灾扑救、人员疏散逃生和自救互救知识等。 （4）通过培训应使员工做到"四懂三会"（懂基本消防常识、懂本岗位产生火灾的危险源、懂本岗位预防火灾的措施、懂疏散逃生方法；会报火警、会使用灭火器材灭火、会扑救初起火灾）
风电场动火作业要求	（1）动火作业应落实动火安全组织措施，动火安全组织措施应包括动火工作票、工作许可、监护、间断和终结等措施。 （2）动火工作票签发人、工作负责人应进行《电力设备典型消防规程》（DL 5027—2015）和相关制度的培训，并经考试合格，动火执行人必须持政府有关部门颁发的允许电焊与热切割作业的有效证件。 （3）动火作业应落实动火安全技术措施，包括对管道、设备等的隔离、封堵、拆除、挂牌、通风、停电及检测等措施。 （4）动火作业前应清除动火现场周围及上、下方的易燃易爆物品。 （5）高处动火应采取防止火花溅落措施，并应在火花可能溅落的部位安排监护人。 （6）动火作业现场应配备足够、适用、有效的灭火设施、器材。 （7）必要时应辨识危害因素，进行风险评估，编制安全工作方案及火灾现场处置预案。 （8）各级人员发现动火现场消防安全措施不完善、不正确，或在动火工作过程中发现有危险或有违反规定现象时，应立即阻止动火工作
风电场消防工作一般要求	（1）风电场消防设施与主体设备或项目应同时设计、同时施工、同时投入生产或使用，应当依法申请建设工程消防设计审核、消防验收，依法办理消防设计和竣工验收消防备案手续并接受抽查。 （2）建立健全消防安全组织机构，完善消防安全规章制度，落实消防安全生产责任制，定期开展消防培训和演习。 （3）风电场疏散通道、安全出口应保持畅通，并设置符合规定的消防安全疏散指示标志和应急照明设施。 （4）消防设备周围不得堆放其他物件，消防用砂应保持足量和干燥。灭火器箱、消防砂箱、消防桶和消防铲、消防斧把上应涂上红色。 （5）风电场消防设施应处于正常工作状态，不得损坏、挪用或者擅自拆除、停用消防设施、器材；在管理上应等同于主设备，包括维护、保养、检修、更新、落实相关所需资金等。 （6）风电场灭火器设置应符合《建筑灭火器配置设计规范》（GB 50140）的规定
风电场消防器材设置的一般规定	（1）灭火器应设置在位置明显和便于取用的地点，且不得影响安全疏散。 （2）对有视线障碍的灭火器设置点，应设置指示其位置的发光标志。 （3）灭火器的摆放应稳固，其铭牌应朝外。手提式灭火器宜设置在灭火器箱内，灭火器箱内不得上锁。 （4）灭火器不宜设置在潮湿或强腐蚀性的地点。当必须设置时，应有相应的保护措施。灭火器设置在室外时，应有相应的保护措施。 （5）灭火器不得设置在超出其使用温度范围的地点。 （6）一个计算单元内配置的灭火器数量不得少于2具。 （7）油浸式变压器、电抗器、柴油发电机等处应设置消防砂箱或砂桶，内装干燥细黄砂，并配置消防铲，消防砂箱、砂桶和消防铲应为大红色，并与带电设备保持足够的安全距离

（7）交通安全。风电场交通安全相关规定见表6-19。

表6-19　　　　　　　　　　风电场交通安全相关规定

风电场交通安全一般要求	（1）建立健全交通安全管理规章制度，明确责任，加强交通安全监督及考核，完善厂区交通安全设施。 （2）加强对驾驶员的管理和教育，定期组织驾驶员进行安全技术培训，提高驾驶员的安全行车意识和驾驶技术水平，严禁违章驾驶。 （3）加强对各种车辆维修管理，确保各种车辆的技术状况符合国家规定，安全装置完善可靠。定期对车辆进行检修维护，在行驶前、行驶中、行驶后对安全装置进行检查，发现危及交通安全的问题，应及时处理，严禁带病行驶。 （4）制订车辆遇山区滑坡、泥石流、冰雪等特殊情况的应对措施。 （5）加强作业用车管理，制定并落实防止重、特大交通事故的安全措施。大件运输、大件转场应严格履行有关规程的规定程序，应制定搬运方案和专门的安全技术措施，指定有经验的专人负责，事前应对参加工作的全体人员进行全面的安全技术交底。 （6）驾驶机动车，应当依法取得机动车驾驶证。对登记后上道路行驶的机动车，应当依照法律、行政法规的规定，定期进行安全技术检验

（二）作业行为

1. 风电场作业人员基本要求

（1）风电场作业人员应没有妨碍工作的病症，患有高血压、恐高症、癫痫、晕厥、心脏病、美尼尔病、四肢骨关节及运动功能障碍等病症的人员，不应从事风电场的高处作业。

（2）风电场工作人员应具备必要的机械、电气、安装知识，熟悉风电场输变电设备、风电机组的工作原理和基本结构，掌握判断一般故障产生的原因及处理方法，掌握监控系统的使用方法。

（3）风电场作业人员应掌握坠落悬挂安全带、防坠器、安全帽、防护服和工作鞋等个人防护设备的正确使用方法，具备高处作业、高处逃生及高处救援相关知识和技能，特殊作业应取得相应特殊作业操作证。

（4）风电场作业人员应熟练掌握触电、窒息急救法，熟悉有关烧伤、烫伤、外伤、气体中毒等急救常识，学会正确使用消防器材、安全工器具和检修工器具。

（5）外单位作业人员应持有相应的职业资格证书，了解和掌握工作范围内的危险因素和防范措施，并经过考核合格后方可开展工作。

（6）临时用工人员应进行现场安全教育和培训，应被告知其作业现场和工作岗位存在的危险因素、防范措施及事故紧急处理措施后，方可参加指定的工作。

2. 风电场作业现场基本要求

（1）风电场配置的安全设施、安全工器具和检修工器具等应检验合格且符合国家或行业标准的规定；风电场安全标志标识应符合《安全标志及使用导则》（GB 2894）的规定。

（2）风电机组底部应设置"未经允许、禁止入内"标示牌；基础附近应增设"请勿靠近，当心落物""雷雨天气，禁止靠近"警示牌；塔架爬梯旁应设置"必须系安全带""必须戴安全帽""必须穿防护鞋"指令标志；36V 及以上带电设备应在醒目位置设置"当心触电"标志。

（3）风电机组内无防护罩的旋转部件应粘贴"禁止踩踏"标志；机组内易发生机械卷入、轧压、碾压、剪切等机械伤害的作业地点应设置"当心机械伤人"标志；机组内安全绳固定点、高空应急逃生定位点、风电机组机舱和部件起吊点应清晰标明；塔架平台、风电机组机舱的顶部及其底部壳体、导流罩等在作业人员工作时站立的承台应标明最大承受重量。

（4）风电场场区各主要路口及危险路段内应设立相应的交通安全标志和防护设施。

（5）塔架内照明设施应满足现场工作需要，照明灯具选用应符合《灯具　第1 部分：一般要求与试验》（GB 7000.1）的规定，灯具安装应符合《建筑设计防火规范》（GB 50016）的要求。

（6）风电机组机舱和塔架底部平台应配置灭火器，灭火器配置应符合《建筑灭火器配置设计规范》（GB 50140）的规定。

（7）风电场现场作业使用的交通运输工具上应配备急救箱、应急灯、缓降器等应急用品，并定期检查、补充或更换。

（8）机组内所有可能被触碰的 220V 及以上低压配电回路电源，应装设满足要求的剩余电流动作的保护器。

3. 风电场安全作业基本要求

（1）风电场作业应进行安全风险分析，对雷电、冰冻、大风、气温、野生动物、昆虫、龙卷风、台风、流沙、雪崩、泥石流等可能造成的危险进行识别，做好防范措施；作业时，应遵守设备相关安全警示或提示。

（2）风电场升压站和风电机组升压变压器安全工作应遵循《电力安全工作规程　发电厂和变电站电气部分》（GB 26860）的规定。风电场集电线路安全工作应遵循《电力安全工作规程　电力线路部分》（GB 26859）的规定。

（3）作业人员进入工作现场必须戴安全帽，登塔作业必须系安全带、穿防护鞋、戴防滑手套、使用防坠落保护装置，登塔人员体重及负重之和不宜超过 100kg，身体不适、情绪不稳定，不应登塔作业。

（4）安全工器具和个人安全防护装置应按照《电力安全工作规程　电力线路部分》（GB 26859）规定的周期进行检查和测试；坠落悬挂安全带测试应按照《安全带测试方法》（GB/T 6096）的规定执行；禁止使用破损及未经检验合格的安全工器具和个人防护用品。

（5）风速超过 25m/s 及以上时，禁止人员户外作业；攀爬风电机组时，风速不应高于该机型允许的登塔风速，但风速超过 18m/s 及以上时，禁止任何人员攀爬风电机组。

（6）雷雨天气不应安装、检修、维护和巡检机组，发生雷雨天气后 1h 内禁止靠近风电机组；叶片有结冰现象且有掉落危险时，禁止人员靠近，并应在风电场各入口处设置安全警示牌；塔架爬梯有冰雪覆盖时，应确定无高处落物风险并将覆盖的冰雪清除后方可攀爬。

（7）攀爬风电机组前，应将机组置于停机状态，禁止两人在同一段塔架内同时攀爬；上下攀爬机组时，通过塔架平台盖板后，应立即随手关闭；随身携带工具人员应后上塔、先下塔；到达塔架顶部平台或工作位置，应先挂好安全绳，后解防坠器；在塔架爬梯上作业，应系好安全绳和定位绳，安全绳严禁低挂高用。

（8）出舱工作必须使用安全带，系两根安全绳；在风电机组机舱顶部作业时，应站在防滑表面；安全绳应挂在安全绳定位点或牢固构件上，使用风电机组机舱顶部栏杆作为安全绳挂钩定位点时，每个栏杆最多悬挂两个。

（9）高处作业时，使用的安全工器具和其他物品应放入专用工具袋内，不应随手携带；工作中所需零部件、安全工器具必须传递，不应空中抛接；安全工器具使用完后应及时放回工具袋或箱中，工作结束后应清点。

（10）现场作业时，必须保持可靠通信，随时保持各作业点、监控中心之间的联络，禁止人员在风电机组内单独作业；车辆应停泊在风电机组上风向并与塔架保持 20m 及以上的安全距离；作业前应切断风电机组的过程控制或切换到就地控制；有人员在风电机组机舱内、塔架平台或塔架爬梯上时，禁止将风电机组启动并网运行。

（11）风电机组内作业需接引工作电源时，应装设满足要求的剩余电流动作保护器，工作前应检查电缆绝缘良好，剩余电流动作保护器动作可靠。

（12）使用风电机组升降机从塔底运送物件到机舱时，应使吊链和起吊物件与周围带电设备保持足够的安全距离，应将机舱偏航至与带电设备最大安全距离后方可起吊作业；物品起吊后，禁止人员在起吊物品下方逗留。

（13）严禁在风电机组内吸烟和燃烧废弃物品，工作中产生的废弃物品应统一收集和处理。

4. 风电场电力安全作业的组织措施

（1）风电场电力安全作业的组织措施包括工作票、工作许可、工作监护、工作间断、转移和终结等。

（2）风电场工作票种类包括电气第一种工作票、电气第二种工作、电力线路第一种工作票、电力线路第二种工作票、风电场风力发电机组工作票、动火工作票。

（3）工作票所列人员安全责任。

1）工作票签发人：

a. 确认工作必要性和安全性；

b. 确认工作票所列安全措施正确、完备；

c. 确认所派工作负责人和工作班人员适当、充足。

2）工作负责人（监护人）：

a. 正确、安全地组织工作；

b. 确认工作票所列安全措施正确、完备，符合现场实际条件，必要时予以补充；

c. 工作前向工作班全体成员告知危险点，督促、监护工作班成员执行现场安全措施和技术措施。

3）工作许可人：

a. 确认工作票所列安全措施正确、完备，符合现场实际条件；

b. 确认线路停、送电和许可工作的命令正确；

c. 确认许可的接地等安全措施正确、完备。

4）专责监护人：

a. 明确被监护人员和监护范围；

b. 工作前对被监护人员交代安全措施，告知危险点和安全注意事项；

c. 监督被监护人员执行《电力安全工作规程》和现场安全措施，及时纠正不安全行为。

5）工作班成员：

a. 熟悉工作内容、工作流程，掌握安全措施，明确工作中的危险点，并履行确认手续；

b. 遵守安全规章制度、技术规程和劳动纪律，执行安全规程和实施现场安全措施；

c. 正确使用安全工器具和劳动防护用品。

5. 风电场电力安全作业的技术措施

（1）风电场电力安全作业的技术措施包括停电、验电、装设接地线、悬挂标示牌和装设遮栏（围栏）。

（2）停电设备各端应有明显的断开点，或应有能反映设备运行状态的电气和机械等指示，不应在只经断路器断开电源的设备上工作。

（3）直接验电应使用相应电压等级的验电器在设备的接地处逐相验电。验电前，应先在有电设备上验电确证验电器良好，高压验电应戴绝缘手套。

（4）接地。

1）装设接地线不宜单人进行，人体不应碰触未接地的导线。

2）当验电设备确无电压后，应立即将检修设备接地（装设接地线或合接地刀闸）并三相短路，电缆及电容器接地前应逐相充分放电，星形接线电容器的中性点应接地。

3）可能送电至停电设备的各侧都应接地。

4）装、拆接地线导体端应使用绝缘棒，人体不应碰触接地线。

5）不应用缠绕的方法进行接地或短路。

6）接地线采用三相短路式接地线，若使用分相式接地线，应设置三相合一的接地端。

7）成套接地线应由有透明护套的多股软铜线和专用线夹组成，接地线截面面积不应小于 $25mm^2$，并应满足装设地点短路电流的要求。

8）装设接地线时，应先装接地端，后装接导体端，接地线应接触良好，连接可靠。拆除接地线的顺序与此相反。

9）在高压回路上工作，需要拆除部分接地线时应征得运行人员或值班调度员的许可。工作完毕后立即恢复。

10）因平行或邻近带电设备导致检修设备可能产生感应电压时，应加装接地线或使用个人保安线。

（5）电气操作基本要求。

1）停电操作应按照"断路器－负荷侧隔离开关－电源侧隔离开关"的顺序依次进行，送电合闸操作按相反的顺序进行，不应带负荷拉合隔离开关。

2）非程序操作应按操作任务的顺序逐项操作。

3）雷电天气时，不宜进行电气操作，不应就地进行电气操作。

4）用绝缘棒拉合隔离开关、高压熔断器，或经传动机构拉合断路器和隔离开关，均应戴绝缘手套。

5）雨天操作室外高压设备时，应使用有防雨罩的绝缘棒，并穿绝缘靴、戴绝缘手套。

6）装卸高压熔断器，应戴护目镜和绝缘手套，必要时使用绝缘夹钳，并站在绝缘物或绝缘台上。

7）在高压开关柜的手车开关拉至"检修"位置后，应确认隔离挡板已封闭。

8）操作后应检查各相的实际位置，无法观察实际位置时，可通过间接方式确认该设备已操作到位。

9）发生人身触电时，应立即断开关设备的电源。

（6）二次系统上的工作。

1）二次系统上的工作内容可包含继电保护、安全自动装置、仪表和自动化监控等系统及其二次回路，以及在通信复用通道设备上运行、检修及试验等。

2）二次回路变动时应防止误拆或产生寄生回路。

3）工作中应确保电流、电压互感器的二次绕组应有且仅有一点保护接地。

4）在带电的电磁式电流互感器二次回路上工作时，应防止二次侧开路。

5）在带电的电磁式或电容式电压互感器二次回路上工作时,应防止二次侧短路或接地。

6）不应在二次系统的保护回路上接取试验电源。

7）二次回路进行通电或耐压试验前，应通知有关人员，检查回路上确无人工作后，方可加压。

8）继电保护、安全自动装置及自动化监控系统做一次设备通电试验或传动试验时，应通知设备运行方和其他相关人员。

9）试验工作结束后，应恢复同运行设备有关的接线，拆除临时接线，检查装置内无异物，屏面信号及各种装置状态正常，各相关连接片及切换开关位置恢复至工作许可时的状态。

（7）电气试验。

1）在同一电气连接部分，许可高压试验前，应将其他检修工作暂停；试验完成前不应许可其他工作。

2）电气高压试验现场应装设遮栏,遮栏与试验设备高压部分应有足够的安全距离，向外悬挂"止步，高压危险！"的标示牌，被试设备两端不在同一地点时，一端加压，另一端采取防范措施。

3）加压前应通知所有人员离开被试设备，取得试验负责人许可后方可加压；操作人应站在绝缘物上。

4）变更接线或试验结束时，应断开试验电源，将升压设备的高压部分放电、短路接地。

5）试验结束后，试验人员应拆除自行装设的短路接地线，并检查被试设备，恢复试验前的状态。

6）使用钳形电流表时,应注意钳形电流表的电压等级。测量时应戴绝缘手套,站在绝缘物上，不应触及其他设备，以防短路或接地。

7）测量设备绝缘电阻，应将被测设备各侧断开，验明无电压，确认设备内无人工作后方可进行。在测量中不应让他人接近被测设备。测量前后，应将被测设备对地放电。

8）测量线路绝缘电阻，若有感应电压，应将相关线路同时停电，取得许可，通知对侧后方可进行。

（8）绝缘安全工器具试验项目、周期和要求。

风电场绝缘安全工器具试验相关规定及要求见表6-20。

表6-20　　　　　　　　风电场绝缘安全工器具试验相关规定及要求

序号	器具	项目	周期	要求				说明
1	电容型验电器	启动电压试验	1年	启动电压值不高于额定电压的40%，不低于额定电压的15%				试验时接触电极应与试验电极相接触
		工频耐压试验	1年	额定电压 kV	试验长度 m	工频耐压（kV）		
						持续时间（1min）	持续时间（5min）	
				10	0.7	45	—	
				35	0.9	95	—	
				110	1.3	220	—	
				220	2.1	440	—	
2	携带型短路接地线	成组直流电阻试验	≤5年	在各接线鼻子之间测量直流电阻，对于25、35、50、70、95、120mm²的各种截面，平均每米的电阻值应分别小于0.79、0.56、0.40、0.28、0.21、0.16mΩ				同一批次抽测，不少于2条，接线鼻子与软导线压接的应做该试验
		操作棒的工频耐压试验	5年	额定电压（kV）	试验长度（m）	工频耐压（kV）		试验电压加在护环与紧固头之间
						持续时间（1min）	持续时间（5min）	
				10	—	45	—	
				35	—	95	—	
				110	—	220	—	
				220	—	440	—	

续表

序号	器具	项目	周期	要求				说明
3	个人保安线	成组直流电阻试验	≤5年	在各接线鼻子之间测量直流电阻，对于10、16、25mm²的各种截面，平均每米的电阻值应分别小于1.98、1.24、0.79mΩ				同一批次抽测，不少于2条
4	绝缘杆	工频耐压试验	1年	额定电压（kV）	试验长度（m）	工频耐压（kV）		
						持续时间（1min）	持续时间（5min）	
				10	0.7	45	—	
				35	0.9	95	—	
				110	1.3	220	—	
				220	2.1	440	—	
5	核相器	连接导线绝缘强度试验	必要时	额定电压（kV）	工频耐压（kV）	持续时间（min）		浸在电阻率小于100Ω·m的水中
				10	8	5		
				35	28	5		
		绝缘部分工频耐压试验	1年	额定电压（kV）	试验长度（m）	工频耐压（kV）	持续时间（min）	
				10	0.7	45	1	
				35	0.9	95	1	
		电阻管泄漏电流试验	半年	额定电压（kV）	试验长度（m）	持续时间（min）	泄漏电流（mA）	
				10	10	1	≤2	
				35	35	1	≤2	
		动作电压试验	1年	最低动作电压应达0.25倍额定电压				
6	绝缘罩	工频耐压试验	1年	额定电压（kV）	工频耐压（kV）	持续时间（min）		
				6～10	30	1		
				35	80	1		

续表

序号	器具	项目	周期	要求			说明
7	绝缘隔板	表面工频耐压试验	1年	额定电压（kV）	工频耐压（kV）	持续时间（min）	电极间距离300mm
				6～35	60	1	
		工频耐压试验	1年	额定电压（kV）	工频耐压（kV）	持续时间（min）	
				6～10	30	1	
				35	80	1	
8	绝缘胶垫	工频耐压试验	1年	电压等级	工频耐压（kV）	持续时间（min）	使用于带电设备区域
				高压	15	1	
				低压	3.5	1	
9	绝缘靴	工频耐压试验	半年	工频耐压（kV）	持续时间（min）	泄漏电流（mA）	
				15	1	≤7.5	
10	绝缘手套	工频耐压试验	半年	电压等级	工频耐压（kV）	持续时间（min）	泄漏电流（mA）
				高压	8	1	≤9
11	绝缘夹钳	工频耐压试验	1年	额定电压（kV）	试验长度（m）	工频耐压（kV）	持续时间（min）
				10	0.7	45	1
				35	0.9	95	1
12	绝缘绳	工频耐压试验	半年	100kV/0.5m，持续时间5min			

（9）风电场个体防护装备。

1）风电场应配备个体防护装备。风电场个体防护装备应参考表6-21配置。

表6-21　　　　　　　　　风电场个体防护装备

序号	防护用品品类	防护性能说明	适用作业类别
1	安全帽	防御物体对头部造成冲击、刺穿、挤压等伤害	进入风电场除办公、生活场所以外任何场所作业、巡检、参观、检查活动都必须戴安全帽

序号	防护用品品类	防护性能说明	适用作业类别
2	防寒帽	防御头部或面部冻伤	风电场冬季低温作业环境
3	防尘口罩	防止吸入一般性粉尘，防御颗粒物等危害呼吸系统或眼面部	风电场涉及有粉尘作业环境
4	空气呼吸器	防止吸入对人体有害的毒气、烟雾、悬浮于空气中的有害污染物或在缺氧环境中使用	电缆沟、排污井、风机塔筒等密闭缺氧环境
5	护目镜	防止可见光、红外线、紫外线中的一种或几种对眼面的伤害	需防止强光作业环境
6	耳塞	适用于暴露在强噪声环境中工作人员的听力受到损伤	需有强噪声作业环境
7	防寒手套	防止手部冻伤	一般用于风电场冬季低温作业环境
8	焊接面罩	防御有害弧光、熔融金属飞溅或粉尘等有害因素对眼睛、面部的伤害	风电场焊接作业
9	焊接手套	防御焊接作业的火花、熔融金属、高温金属、高温辐射对手部的伤害	风电场焊接作业
10	防机械伤害手套	保护手部免受磨损、切割、刺穿等机械伤害	风电场机械作业
11	绝缘手套	使作害业人员的手部与带电物体绝缘，免受电流伤害	风电场低高压带电作业
12	绝缘鞋	在电气设备上工作时作为辅助安全用具，防触电伤害	风电场低高压带电作业
13	防寒鞋	鞋体结构与材料都具有防寒保暖作用，防止脚部冻伤	风电场冬季低温环境作业
14	防砸鞋	保护足趾免受冲击或挤压伤害	风电场一般风机内作业时使用
15	防寒服	具有保暖性能，用于冬季室外作业职工或常年低温环境作业职工的防寒	风电场冬季低温环境作业
16	棉布工作服	有烧伤危险时穿用，防止烧伤伤害	
17	安全带	用于高处作业、攀登及悬吊作业，保护对象为体重及负重之和最大100kg的使用者，可减小从高处坠落时产生的冲击力，防止坠落者与地面或其他障碍物碰撞，有效控制整个坠落距离	风电场高处作业
18	安全网	用来防止人、物坠落，或用来避免、减轻坠落物及物击伤害	风电场高处作业
19	普通防护装备	普通防护服、普通工作服、普通工作鞋、劳动保护手套、雨衣、普通胶靴	风电场一般性作业

2）风电场个体防护装备选用程序，见图6-1。

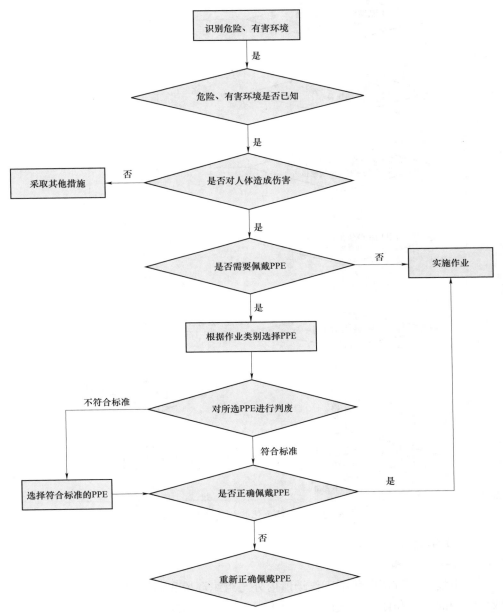

图6-1　风电场个体防护装备选用程序

3）风电场个体防护装备判废程序，见图 6-2。

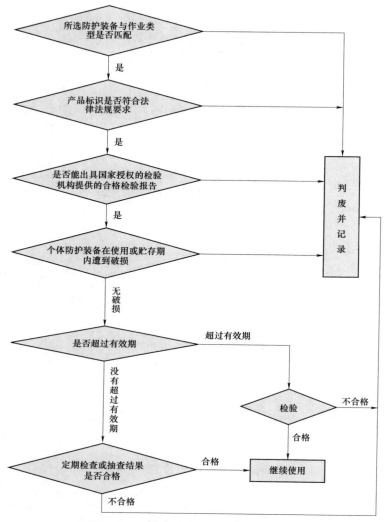

图 6-2　风电场个体防护装备判废程序

（三）相关方

1. 相关方范围

风电场相关方范围包括工作场所内外与组织环境和职业健康安全绩效有关的或受影响的个人和团体；具体包括但不限于：设备供应商、技术服务单位、工程施工单位、外部运维单位、外部检修单位、政府监管单位，以及与风电场各种商业业务接洽、参观培训等外来单位或个人等。

2. 制度建设

执行公司承包商、供应商等相关方有关安全管理制度，将承包商、供应商等相关方的安全生产和职业卫生纳入内部管理，制度内容包括对承包商、供应商等相关方的资格预审、选择、作业人员的培训、作业过程检查监督、提供产品与服务、绩效评估、续用或退出等。

3. 资质及管理

（1）确认相关方具有相应安全生产资质，审查相关方是否具备安全生产条件和作业任务要求。根据具体业务范围提供的资质证明包括但不限于表 6-22 所列内容。

表 6-22　　　　　　　　　　相关方资质证明

相关方	主要审查资质
建筑施工单位	施工企业资质证书、营业执照、税务登记证、法人资格证、建造师资格证书、安全生产许可证、安全员证书、特种作业人员操作证书等
技术服务单位	相关技术服务资质、营业执照、税务登记证、法人资格证、技术人员资质
试验单位	电力试验资质证书、营业执照、税务登记证、法人资格证、特种作业人员资质
电力运行和检修维护单位	电力运行和检修维护相关资质证书、营业执照、税务登记证、法人资格证、安全员证书、特种作业人员资质
劳动防护用品生产或经营单位	安全生产许可证、定点经营许可证、产品检验报告、特种劳动防护用品安全标志证书等
特种设备制造或销售单位	特种设备制造、安装许可证、产品质量合格证明等
食品供货商或食堂承包方	企业卫生许可证、工作人员健康证等

（2）建立合格的相关方名录和档案。

1）相关方台账或名录（参考模板）。风电场相关方台账或名录参考表 6-23 建立。

表 6-23　　　　　　　　　　风电场相关方台账或名录

序号	名称（全称）	类别	承包或服务项目	资质情况	单位地址	联系方式	管理情况	备注
1	某公司	运维	运行、检修维护					
2	……	技术服务	专业技术支持					
3	……	设备厂家	产品					
4	……	其他	……					

2）相关方档案。相关方档案内容包括相关方台账或名录、相关方资质（单位资质和人员资质）、安全交底记录、安全培训考试记录、作业过程监督检查记录、考核奖惩记录、合同及安全协议附件、其他需要提供的资料等。

（3）签订安全协议。

4. 环境、职业健康安全管理体系（ESH）一般要求

（1）风电场应与相关方签订安全协议，明确双方安全生产责任和义务。

（2）相关方进入风电场区域进行运维、技术服务等工作，风电场应组织协调各个专业组审查相关方制定的安全作业方案。

（3）风电场应组织对相关方单位及作业人员进行安全教育、安全交底和安全规程考试，合格后方可进入现场作业。

（4）相关方进入风电场区域进行运维、技术服务等工作，使用的机械设备、工具、检测设备应符合安全要求。

（5）进出风电场的相关方车辆、材料、物品，应接受风电场管理。

（6）进入风电场进行作业的相关方，应遵守风电场安全生产有关管理规定，严格按安全标准组织施工，并随时接受风电场及上级单位依法实施的监督检查，发现隐患及时落实整改和防范措施。

（7）风电场应对其外来人员进行环境、职业健康安全告知，告知业务活动的相关危险源、主要风险和预防控制措施、公司相关安全管理制度的要求、应急措施与逃生路线等，并保留相关记录。

（8）风电场对外来人员负责全过程监督，外来人员未经允许不得随意进入生产现场，不得随意碰触风电场设备，进入作业现场必须配备并穿戴满足现场需要的劳动防护用品。

三、职业健康

（一）基本要求

（1）提供符合职业卫生要求的工作环境和条件，为接触职业病危害的从业人员提供个人使用的职业病防护用品，建立健全职业卫生档案和健康监护档案。

（2）产生职业病危害的工作场所应设置相应的职业病防护设施。

（3）风电场应确保使用有毒、有害物品的工作场所与生活区、辅助生产区分开，工作场所不应住人；将有害作业与无害作业分开，高毒工作场所与其他工作场所隔离。

（4）对可能导致发生急性职业病危害的有毒、有害工作场所，应设置检测报警装置，制定应急预案，配置现场急救用品、设备，设置应急撤离通道和必要的泄险区，并定期检查监测。

（5）应组织从业人员进行上岗前、在岗期间、特殊情况应急后和离岗时的职业健康检查，将检查结果书面如实告知从业人员并存档。

（6）各种防护用品、各种防护器具应定点存放在安全、便于取用的地方，建立台账，并有专人负责保管，定期校验、维护和更换。

（二）职业病危害告知

1. 定义

职业病危害告知是指用人单位通过与劳动者签订劳动合同、公告、培训等方式，使劳动者知晓工作场所产生或存在的职业病危害因素、防护措施、对健康的影响及健康检查结果等的行为。职业病危害警示标志是指在工作场所中设置的可以提醒劳动者对职业病危害产生警觉并采取相应防护措施的图形标志、警示线、警示语句和文字说明及组合使用的标志等。

2. 检测评价与识别

（1）风电场应委托具有相应资质的中介技术服务机构对作业场所职业病危害因素进行检测评价，识别分析工作过程中可能产生或存在的职业病危害因素，检测应符合《用人单位职业病危害因素定期检测管理规范》（安监总厅安健〔2015〕16 号）的相关要求，对检测结果进行公示，保留证据。

（2）根据职业病危害因素检测结果及其他定性分析等因素综合考虑风险编制风电场的职业危害岗位矩阵，见表 6-24。

表 6-24　　　　　　　　职业危害岗位矩阵（参考模板）

序号	单位或部门	岗位	岗位细分	职业病危害因素目录								特殊作业		
				粉尘	化学因素	高温作业	低温作业	振动	噪声	工频电磁场	其他职业危害因素	高处作业	电工作业	职业机动车驾驶
1	示例	检修岗位	变电维护						●	●		●	●	

3. 告知

（1）用人单位与劳动者订立劳动合同（含聘用合同）时，应当在劳动合同中写明工作过程可能产生的职业病危害及其后果、职业病危害防护措施和待遇（岗位津贴、工伤保险等）等内容。同时，以书面形式告知劳务派遣人员。合同文本内容不完善的，应以合同附件形式签署职业病危害告知书。具体格式和内容可参考表 6 - 25。

表 6 - 25　　　　　　　　　　告 知 书 格 式

职业病危害告知书示例

　　根据《职业病防治法》第三十四条的规定，用人单位（甲方）在与劳动者（乙方）订立劳动合同时应告知工作过程中可能产生的职业病危害及其后果、职业病防护措施和待遇等内容：

　　（一）所在工作岗位、可能产生的职业病危害、后果及职业病防护措施：

所在部门及岗位名称	职业病危害因素	职业禁忌证	可能导致的职业病危害	职业病防护措施
例：铸造车间铸造工	粉尘	活动性肺结核病 慢性阻塞性肺病 慢性间质性肺病 伴肺功能损害的疾病	尘肺	除尘装置 防尘口罩

　　（二）甲方应依照《职业病防治法》及《职业健康监护技术规范》（GBZ 188）的要求，做好乙方上岗前、在岗期间、离岗时的职业健康检查和应急检查。一旦发生职业病，甲方必须按照国家有关法律、法规的要求，为乙方如实提供职业病诊断、鉴定所需的劳动者职业史和职业病危害接触史、工作场所职业病危害因素检测结果等资料及相应待遇。

　　（三）乙方应自觉遵守甲方的职业卫生管理制度和操作规程，正确使用维护职业病防护设施和个人职业病防护用品，积极参加职业卫生知识培训，按要求参加上岗前、在岗期间和离岗时的职业健康检查。若被检查出职业禁忌症或发现与所从事的职业相关的健康损害的，必须服从甲方为保护乙方职业健康而调离原岗位并妥善安置的工作安排。

　　（四）当乙方工作岗位或者工作内容发生变更，从事告知书中未告知的存在职业病危害的作业时，甲方应与其协商变更告知书相关内容，重新签订职业病危害告知书。

　　（五）甲方未履行职业病危害告知义务，乙方有权拒绝从事存在职业病危害的作业，甲方不得因此解除与乙方所订立的劳动合同。

　　（六）职业病危害告知书作为甲方与乙方签订劳动合同的附件，具有同等的法律效力。

　　甲方（签章）　　　　　　　　　　　　　　乙方（签字）

　　　年　月　日　　　　　　　　　　　　　　年　月　日

　　（2）劳动者在履行劳动合同期间因工作岗位或者工作内容变更，从事与所订立劳动合同中未告知的存在职业病危害的作业时，用人单位应当依照《用人单位职业病危害告知与警示标识管理规范》（安监总厅安健〔2014〕111 号）要求，向劳动者履行如实告知的义务，并协商变更或补充原劳动合同相关条款。

　　（3）用人单位应对劳动者进行上岗前的职业卫生培训和在岗期间的定期职业卫生培训，使劳动者知悉工作场所存在的职业病危害，掌握有关职业病防治的规章制度、操作规程、应急救援措施、职业病防护设施和个人劳动防护用品的正确使用维护方法及相关警示标识的含义，并经书面和实际操作考试合格后方可上岗作业。

（4）产生职业病危害的风电场应当设置公告栏，主要公布存在的职业病危害因素及岗位、健康危害、接触限值、应急救援措施，以及工作场所职业病危害因素检测结果、检测日期、检测机构名称等。

（5）风电场要按照规定组织从事接触职业病危害作业的劳动者进行上岗前、在岗期间和离岗时的职业健康检查，并将检查结果书面告知劳动者本人。用人单位书面告知文件要留档备查。

4. 职业病危害警示标识

（1）产生职业病危害的工作场所，应当在工作场所入口处及产生职业病危害的作业岗位或设备附近的醒目位置设置警示标识。

1）有毒物品工作场所设置"禁止入内""当心中毒""当心有毒气体""必须洗手""穿防护服""戴防毒面具""戴防护手套""戴防护眼镜""注意通风"等警示标识，并标明"紧急出口""救援电话"等警示标识。

2）能引起腐蚀的化学品工作场所，设置"当心腐蚀""腐蚀性""遇湿具有腐蚀性""穿防护服""戴防护手套""穿防护鞋""戴防护眼镜""戴防毒口罩"等警示标识。

3）产生噪声的工作场所设置"噪声有害""戴护耳器"等警示标识。

4）高温工作场所设置"当心中暑""注意高温""注意通风"等警示标识。

5）密闭空间作业场所出入口设置"密闭空间作业危险""进入需许可"等警示标识。

6）能引起其他职业病危害的工作场所设置"注意××危害"等警示标识。

（2）对产生严重职业病危害的作业岗位，除按要求设置警示标识外，还应当在其醒目位置设置职业病危害告知卡。告知卡应当标明职业病危害因素名称、理化特性、健康危害、接触限值、防护措施、应急处理及急救电话、职业病危害因素检测结果及检测时间等。

（3）使用可能产生职业病危害的化学品材料的，必须在使用岗位设置醒目的警示标识和中文警示说明，警示说明应当载明产品特性、主要成分、存在的有害因素、可能产生的危害后果、安全使用注意事项、职业病防护及应急救治措施等内容。示例见表 6-26。

表 6 – 26 警 示 说 明

中文警示说明示例	
甲醛 分子式：HCHO　　分子量：30.03	
理化特性	常温为无色、有刺激性气味的气体，沸点：－19.5℃，能溶于水、醇、醚，水溶液称福尔马林，杀菌能力极强。15℃以下易聚合，置空气中氧化为甲酸
可能产生的 危害后果	低浓度甲醛蒸气对眼、上呼吸道黏膜有强烈刺激作用，高浓度甲醛蒸气对中枢神经系统有毒性作用，可引起中毒性肺水肿。 主要症状：眼痛流泪、喉痒及胸闷、咳嗽、呼吸困难、口腔糜烂、上腹痛、吐血、眩晕、恐慌不安、步态不稳、甚至昏迷。皮肤接触可引起皮炎，有红斑、丘疹、瘙痒、组织坏死等
职业病危害 防护措施	a）使用甲醛设备应密闭，不能密闭的应加强通风排毒。 b）注意个人防护，穿戴防护用品。 c）严格遵守安全操作规程
应急救治措施	a）撤离现场，移至新鲜空气处，吸氧。 b）皮肤黏膜损伤，立即用20%的碳酸氢钠（$NaHCO_3$）溶液或大量清水冲洗。 c）立即与医疗急救单位联系抢救

（三）职业病危害项目申报

（1）依据《职业病危害项目申报办法》（国家安全生产监督管理总局令第 48 号），风电场工作场所存在职业病目录所列职业病危害因素的，必要时应当及时、如实向所在地安全生产监督管理部门（一般为县级）申报危害项目，并接受安全生产监督管理部门的监督管理。

（2）用人单位申报职业病危害项目时，应当提交《职业病危害项目申报表》和下列文件、资料：

1）用人单位的基本情况。

2）工作场所职业病危害因素种类、分布情况以及接触人数。

3）法律、法规和规章规定的其他文件、资料。

4）职业病危害项目申报的同时采取电子数据和纸质文本两种方式。申报时，填写《职业病危害项目申报表》并加盖公章后报相应安全生产监管部门备案，取得《职业病危害项目申报回执》后归档。

（四）职业病危害检测与评价

（1）风电场应改善工作场所职业卫生条件，控制职业病危害因素浓（强）度不超过《工作场所有害因素职业接触限值　第 1 部分：化学有害因素》（GB/Z 2.1—2007）、《工作场所有害因素职业接触限值　第 2 部分：物理因素》（GB/Z 2.2—

2007）规定的限值。

（2）风电场存在职业病危害的，应委托具有相应资质的职业卫生技术服务机构进行定期检测和职业病危害现状，检测、评价结果存入职业卫生档案，并向安全监管部门报告，向从业人员公布。

（3）定期检测结果中职业病危害因素浓度或强度超过职业接触限值的，风电场应根据职业卫生技术服务机构提出的整改建议，结合本单位的实际情况，制定切实有效的整改方案，立即进行整改。整改落实情况应有明确的记录并存入职业卫生档案备查。

（五）职业卫生档案

（1）风电场应建立健全职业卫生档案，主要包括以下内容：

1）建设项目职业卫生"三同时"档案；

2）职业卫生管理档案；

3）职业卫生宣传培训档案；

4）职业病危害因素监测与检测评价档案；

5）用人单位职业健康监护管理档案；

6）员工个人职业健康监护档案；

7）法律、行政法规、规章要求的其他资料文件。

（2）员工职业健康监护档案，示例见表6-27。

四、警示标志

（一）安全标志设置的基本要求

1. 一般规定

（1）风电场设置的安全标识应包括安全标志、消防安全标志、道路交通标志和安全警示线。

（2）风电场安全标志和消防安全标志应使用相应的通用图形标志和辅助标志的组合标志。风电场道路交通标志应使用相应的主标志和辅助标志的组合标志。安全标志、消防安全标志和道路交通标志的辅助标志设置，应分别符合《安全标志及其使用导则》（GB 2894）、《消防安全标志》（GB 13495）和《道路交通标志和标线　第2部分：道路交通标志》（GB 5768.2）的规定。

（3）安全标志牌和消防安全标志牌应分别设置在与安全和消防有关场所的醒目位置，便于人们看到，并有足够的时间来注意它所表达的内容。显示环境信息的安全标志牌应设置在有关场所的入口处和醒目处；显示局部信息的安全标志牌应设置在所涉及的相应危险地点或设备的醒目处。

表6-27　员工职业健康监护档案（参考模板）

序号：

工号	姓名	部门	岗位	身份证号	性别	年龄（岁）	入职时间	入职体检结果	职业史	既往病史	劳动和职业病危害因素告知书面（是或否）	涉及的职业病危害因素	上岗前职业健康检查							×××年在岗职业健康检查									×××年离岗职业健康检查									备注
													岗位	职业健康体检时间	检查种类	职业健康体检机构	职业健康体检结果	后续追踪	员工职业健康体检面书告知（是或否）	岗位	有害作业工频	岗位变动情况	职业健康体检时间	检查种类	职业健康体检机构	职业健康体检结果	后续追踪	员工职业健康体检面书告知（是或否）	岗位	有害作业工频	岗位变动情况	职业健康体检时间	检查种类	职业健康体检机构	职业健康体检结果	后续追踪	员工职业健康体检面书告知（是或否）	

（4）安全标志牌和消防安全标志牌不应设在影响认读的可移动物体上，标志牌前不应放置妨碍认读的障碍物。道路交通标志牌一般情况下应放置在道路行进方向右侧或车行道上方，也可根据具体情况设置在左侧，或左右两侧同时设置。

（5）安全标志分禁止标志、警告标志、指令标志和提示标志四大类型。多个安全标志牌设置在一起时，应按照警告标志、禁止标志、指令标志和提示标志的顺序，先左后右、先上后下排列。

（6）安全标志牌和消防安全标志牌的固定方式分附着式、悬挂式和柱式三类。附着式和悬挂式的固定应稳固不倾斜，柱式标志牌和支架应连接牢固。临时标志牌应采取防止脱落、移位措施，室外悬挂的临时标志牌宜做成双面，并悬挂牢固。道路安全标志牌的支撑方式分柱式、悬壁式、门架式和附着式四类。

（7）安全标志牌和消防安全标志牌应设置在明亮的环境中，安全标志牌设置的高度应与人眼的视线高度一致。

（8）安全标志牌设置的高度应与人眼的视线高度一致，悬挂式和柱式的环境信息标志牌的下缘距地面的高度不宜小于 2m，局部信息标识牌的设置高度应视具体情况确定。消防安全标志牌的设置高度应符合《消防安全标志设置要求》（GB 15630）的规定。风电场专用道路上悬臂式道路交通标志牌下缘距路面的高度，应满足风电场大件运输净空的要求。

（9）安全标识所用的颜色应符合《安全色》（GB 2893）的规定。

（10）安全标志牌应采用坚固耐用的材料制作，一般不宜使用遇水变形、变质或易燃的材料。有触电危险的作业场所应使用绝缘材料。

（11）安全标志牌和消防安全标志牌遗失、破损、变形、褪色等不符合要求时，应及时修整或更换，修整或更换处应设置临时标志牌，安全标志牌和消防安全标志牌至少应每半年全面检查一次。

2. 设置要求

（1）禁止标志的基本形式是带斜杠的圆边框。其参数为：外径 $d_1 = 0.025L$；内径 $d_2 = 0.800d_1$；斜杠宽 $c = 0.08d_1$；斜杠与水平线的夹角 $\alpha = 45°$；L 为观察距离，见图 6−3 和表 6−28。

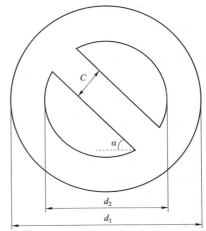

图 6−3　禁止标志的基本形式

表6-28　　　　　　　　安 全 标 志 牌 的 尺 寸　　　　　　　　（m）

型号	观察距离 L	圆形标志的外径	三角形标志的外边长	正方形标志的边长
1	0<L≤2.5	0.070	0.088	0.063
2	2.5<L≤4.0	0.110	0.142	0.100
3	4.0<L≤6.3	0.175	0.220	0.160
4	6.3<L≤10.0	0.280	0.350	0.250
5	10.0<L≤16.0	0.450	0.560	0.400
6	16.0<L≤25.0	0.700	0.880	0.630
7	25.0<L≤40.0	1.110	1.400	1.000

注　允许有3%的误差。

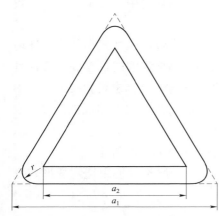

图6-4　警告标志的基本形式

（2）警告标志的基本形式是正三角形边框。其参数为：外边 $a_1 = 0.034L$；内径 $a_2 = 0.700a_1$；边框外角圆弧半径 $r = 0.080a_2$；L 为观察距离，见图6-4。

（3）指令标示的基本形式是圆形边框。其参数为：直径 $d = 0.025L$，L 为观察距离，见图6-5。

（4）提示标志的基本形式是正方形边框。其参数为：边长 $a = 0.025L$，L 为观察距离，见图6-6。

（5）文字辅助标志由黑色字体加上适当的背底色构成，有横写和竖写两种形式。横写时，其基本形式是矩形边框，放在图形标志的下方；禁止标志、指令标志为白色字；警告标志为黑色字；禁止标志、指令标志衬底色为标志的颜色，警告标志衬底色为白色。示例如图6-7所示。

（6）安全标志牌平面与视线夹角应接近90°，观察者位于最大观察距离时，最小夹角不应低于75°，见图6-8。

（二）风电机组塔架和机组变压器安全标志

风电机组塔架和机组变压器等部位在生产运行过程中可能发生触电、火灾、爆炸、高处坠落、物体打击等安全事故，安全标志设置应符合表6-29的规定，安全标识的尺寸、形式、材质等应结合风电场和周边环境特点选择，并符合相应规范的要求。

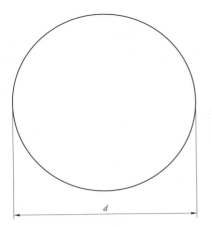

图 6-5 指令标示的基本形式

图 6-6 提示标志的基本形式

图 6-7 文字辅助标志

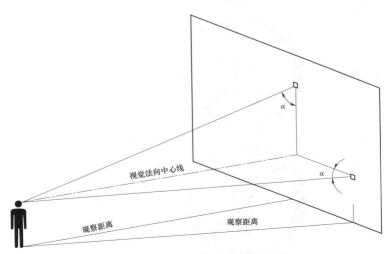

图 6-8 安全标志牌平面与视线夹角

表 6-29   风电机组塔架和机组变压器安全标志

序号	标志类型	图形符号	名称	设置范围和地点
1	禁止标志		禁止吸烟	风电机组塔架内底平台、危险品存放点处
2	禁止标志		禁止烟火	风电机组塔架入口处、机组变压器附近、危险品存放点处
3	禁止标志		禁止翻越	禁止翻越的安全遮栏处
4	禁止标志		禁止启动	暂停使用的设备附近,如设备检修更换零件等
5	禁止标志		禁止停留	对人员有直接危害的场所

续表

序号	标志类型	图形符号	名称	设置范围和地点
6	禁止标志		禁止入内	易造成事故或对人员有伤害的场所入口处,如风电机组塔架入口处、机组变压器等
7	禁止标志		禁止堆放	消防器材存放处、风电机组塔架内通道处、消防通道
8	禁止标志		禁止攀登	高压配电装置构架的爬梯上
9	禁止标志		禁止抛物	抛物易伤人的地点,如高处作业现场等
10	禁止标志		雷雨天气请勿靠近	易造成雷击事故的场所入口处或设备,如风电机组塔架入口处、机组变压器等

续表

序号	标志类型	图形符号	名称	设置范围和地点
11	警告标志		注意安全	易造成人员伤害的场所入口处或设备,如风电机组塔架入口处、机组变压器等
12	警告标志		当心触电	有可能发生触电危险的电气设备和线路,如机组变压器、开关、带电设备固定遮栏等
13	警告标志		当心电缆	暴露的电缆,如风电机组塔架内电缆上
14	警告标志		当心坠落	易发生坠落事故的生产或检修作业地点,如风电机组塔架爬梯上
15	警告标志		当心碰头	风电机组塔架内休息平台

序号	标志类型	图形符号	名称	设置范围和地点
16	警告标志		当心落物	对有覆冰现象的风电场,设置在各风电机组支路入口处,并设置安全告示牌
17	指令标志		必须戴安全帽	生产或检修作业现场
18	指令标志		必须系安全带	易发生坠落危险的生产或检修作业地点,如高处建筑、检修、安装等处,风电机组塔架爬梯上
19	提示标志	从此上下	从此上下	工作人员可以上下的铁(构)架、爬梯上
20	消防安全标志	灭火器	灭火器	风电机组塔架内灭火器存放处

（三）集电线路安全标志

　　风电场集电线路主要由高压电缆、杆塔（铁架）及架空线、电缆沟等组成，在生产运行过程中可能发生触电、高处坠落、物体打击、车辆伤害等安全事故，安全标志设置符合表 6-30 的规定，安全标志的尺寸、形式、材质等应结合风电场和周边环境特点选择，并符合相应规范的要求。

表 6-30　　　　　　　　　　集电线路安全标志设置标准

序号	标志类型	图形符号	名称	设置范围和地点
1	禁止标志		禁止攀登	禁止攀爬的危险地点,如集电线路的杆塔（铁架）
2	禁止标志		禁止停留	杆塔（线路）下方
3	禁止标志		禁止挖掘	地埋电缆通道、杆塔（铁架）基础附近
4	警告标志		当心触电	有可能发生触电危险的集电线路,如集电线路杆塔（铁架）等

续表

序号	标志类型	图形符号	名称	设置范围和地点
5	指令标志		必须戴安全帽	生产或检修作业现场
6	安全警示线		防撞警示线	距离公路外侧 1m 内的杆塔（铁架）下方

（四）升压站安全标志

风电场升压站主要由主控制室（集控中心）、继电保护室、蓄电池室、自动装置室、主变压器、配电装置（室）、无功补偿装置等组成，在生产运行过程中可能发生触电、火灾、爆炸、车辆伤害、高处坠落、中毒和窒息等安全事故，安全标志设置符合表 6-31 的规定，安全标志的尺寸、形式、材质等应结合风电场和周边环境特点选择，并符合相应规范要求。

表 6-31　　　　　　　　升压站安全标志设置标准

序号	标志类型	图形符号	名称	设置范围和地点
1	禁止标志		禁止吸烟	升压站入口、主控制室、继电保护室、通信室、自动装置室、配电装置室、电缆夹层、危险品存放点等处
2	禁止标志		禁止烟火	主控制室、继电保护室、蓄电池室、通信室、自动装置室、变压器室、配电装置室、检修试验工作场所、电缆夹层、危险品存放点等处

序号	标志类型	图形符号	名称	设置范围和地点
3	禁止标志		禁止用水灭火	变压器室、配电装置室、继电保护室、通信室、自动装置室等处
4	禁止标志		禁止翻越	禁止翻越的安全遮栏、围墙等处
5	禁止标志		禁止启动	暂停使用的设备附近，如设备检修更换零件等
6	禁止标志		禁止停留	对人员有直接危害的场所，如 GIS 室内的 SF_6 防爆膜附近、高处作业现场、吊装作业现场等处
7	禁止标志		禁止入内	易造成事故的场所、封闭管理区域对人员有伤害的场所入口处，如高压设备室入口、主变压器入口等处

序号	标志类型	图形符号	名称	设置范围和地点
8	禁止标志		禁止靠近	禁止靠近的危险区域，如高压配电装置区、主变压器
9	禁止标志		禁止堆放	消防器材存放处、消防通道、逃生通道及变电站主通道、安全通道等处
10	禁止标志		禁止穿化纤服装	设备区入口、电气检修试验、焊接及有易燃易爆物质的场所等处
11	禁止标志		禁止开启无线移动通信设备	继电保护室、自动装置室等处
12	禁止标志		禁止合闸	一经合闸即可送电到检修或施工设备断路器（开关）和隔离开关（刀闸）操作把手上等处

续表

序号	标志类型	图形符号	名称	设置范围和地点
13	禁止标志		禁止分闸	接地刀闸与检修设备之间的隔离开关（刀闸）操作把手上
14	禁止标志		禁止攀登	高压配电装置构架的爬梯上、变压器、电抗器等设备的爬梯上
15	禁止标志		禁止使用雨伞	升压站生产区域入口处
16	警告标志		注意安全	易造成人员伤害的场所入口处或设备，如主变压器等
17	警告标志		注意通风	GIS 室、SF$_6$装置室、蓄电池室、电缆夹层、电缆通道入口等处

续表

序号	标志类型	图形符号	名称	设置范围和地点
18	警告标志		当心中毒	装有 GIS 组合电器、SF_6 断路器的配电装置室的入口，使用剧毒物质或有毒物质的场所
19	警告标志		当心火灾	易发生火灾的危险场所，如电气检修、焊接或有易燃易爆物质的场所
20	警告标志		当心爆炸	易发生爆炸的危险场所，如易燃易爆物质的使用地点或受压容器等处
21	警告标志		当心触电	有可能发生触电危险的电气设备和线路，如配电装置室，带电设备固定遮栏上，室外带电设备构架上，高压试验地点安全围栏上，因高压危险禁止通行的过道上，工作地点临近室外带电设备的安全围栏上，工作地点邻近带电设备的横梁上等处
22	警告标志		当心电缆	暴露的电缆或地面下有电缆处施工的地点

序号	标志类型	图形符号	名称	设置范围和地点
23	警告标志		当心车辆	生产作业场所内车、人混合行走的路段，道路的拐角处、平交路口，车辆出入较多的生产场所出入口处
24	警告标志		当心腐蚀	蓄电池室入口处
25	警告标志		当心滑倒	易发生坠落事故的生产或检修作业地点，如塔架爬梯上
26	警告标志		接地端标志	需要接地或检修的电气设备、设施附近
27	指令标志		必须戴安全帽	除办公室、主控制室、值班室和检修班组室外的生产或检修作业现场

续表

序号	标志类型	图形符号	名称	设置范围和地点
28	指令标志		必须系安全带	易发生坠落危险的生产或检修作业地点，如高处建筑、检修、安装等处
29	提示标志	在此工作	在此工作	工作地点或检修设备上
30	提示标志	从此上下	从此上下	工作人员可以上下的铁（构）架、爬梯上
31	提示标志	从此进出	从此进出	工作地点遮栏的出入口处
32	提示标志	×××kV 设备不停电时的安全距离	安全距离	设置在设备区的入口处，标示不同电压等级带电体与人体最小安全距离

续表

序号	标志类型	图形符号	名称	设置范围和地点
33	提示标志		应急避难场所	升压站内应急状态下供人员紧急疏散、临时避难的安全场所
34	提示标志		应急电话	安装应急电话的地点
35	提示标志		急救点	根据场址布置，宜设置在中控室或固定的医疗点
36	消防安全标志		消防手动启动器	设在火灾报警系统或固定灭火系统等的手动启动器附近
37	消防安全标志		火警电话	安装火警电话的地点

序号	标志类型	图形符号	名称	设置范围和地点
38	消防安全标志	消火栓 火警电话：119 厂内电话：XXX A001	消火栓箱	升压站内建筑物内外的消火栓处
39	消防安全标志		地上消火栓	固定在距离消火栓 1m 的范围内，不得影响消火栓的使用
40	消防安全标志		地下消火栓	固定在距离消火栓 1m 的范围内，不得影响消火栓的使用
41	消防安全标志		消防水带	指标消防水带、软管卷盘或消火栓箱的位置

序号	标志类型	图形符号	名称	设置范围和地点
42	消防安全标志	灭火器	灭火器	指示灭火器的位置，悬挂在灭火器、灭火器箱的上方或存放灭火器、灭火器箱的通道上，泡沫灭火器上就标注有"不适用于电火"字样
43	消防安全标志	×号消防沙池	消防沙池	消防沙池（箱）附近醒目位置
44	消防安全标志	×号防火墙	防火墙	防火墙附近醒目位置
45	消防安全标志	防火重点部位 名　　称：责任部门：责 任 人：	防火重点部位标志牌	防火重点部位或场所的指定位置
46	消防安全标志	紧急出口	紧急出口	便于安全疏散的紧急出口处，与方向箭头结合设在通向紧急出口通道、楼梯口等处

续表

序号	标志类型	图形符号	名称	设置范围和地点
47	安全警示线		禁止阻塞线 作用：禁止阻塞线的作用是禁止在相应的设备前停放物体，防止意外发生	标注在地下设施入口盖板或其他孔、洞盖板上；标注在消防器材存放处；标注在通道旁边的配电柜前等。 禁止阻塞线采用倾斜角度45°的黄色与黑色相间的等宽条纹，条纹宽度取50～150mm，禁止阻塞线长度与禁止阻塞物同长
48	安全警示线	设备屏 设备屏	安全警戒线 作用：提醒防止误碰、误触运行中的控制屏、保护屏、配电屏和高压开关柜等	设置在控制屏（台）、保护屏、配电屏和高压开关柜等设备周围等； 安全警戒线采用黄色，条纹宽度值宜为100～150mm，至屏面的距离宜为600～800mm
49	安全警示线		防止碰头线 作用：提醒人们注意在人行通道上方的障碍物，防止碰头等意外发生	标注在人行通道高度不足1.8m的障碍物上。 防止碰头线采用倾斜角度为45°的黄色与黑色相间的等宽条纹，宽度取100mm。防止碰头线长度与障碍物下方通道口的宽度相同
50	安全警示线		防止绊跤线 作用：提醒人们注意地面的障碍物，防止绊倒、摔跤等意外发生。 防止绊跤线采用倾斜角度为45°的黄色与黑色相间的等宽条纹，宽度取100mm	标注在人行通道地面高差0.3m以上的管线或其他障碍物上，如防小动物板上、地板上临时放有容易使人绊跤的物件上

序号	标志类型	图形符号	名称	设置范围和地点
51	安全警示线		防止踏空线	标注在楼梯的第一行台阶上；标注在人行通道高差 0.3m 以上的边缘处
52	安全警示线		接地装置警示线	标注在电气装置和设施明敷的接地线表面

（五）交通安全标志

风电场交通工程在施工和生产运行过程中，可能发生车辆伤害事故引起人员伤亡和设备损失，安全标志设置符合表 6－32 的规定，安全标示设置、尺寸、形式、图案和颜色等应符合《道路交通标志和标线　第 2 部分：道路交通标志》（GB 5768.2）的规定，并结合风电场实际情况选用。

表 6－32　　　　　　　交通工程安全标志设置标准（参考）

序号	标志类型	图形符号	名称	设置范围和地点
1	道路交通标志		交叉路口标志	用以警告车辆驾驶人谨慎慢行，注意横向来车。设在平面交叉路口驶入路段的适当位置。根据实际道路交叉的形式选用

续表

序号	标志类型	图形符号	名称	设置范围和地点
2	道路交通标志	 （a）向左急弯路 　（b）向右急弯路	急弯路标志	用以警告车辆驾驶人减速慢行，设计车速小于 60km/h 的道路上，设置在曲线起点的外面
3	道路交通标志	 （a）上陡坡 　（b）下陡坡	陡坡标志	用以提醒车辆驾驶人小心驾驶，在纵坡坡脚或坡顶以前适当位置设置
4	道路交通标志	 	注意落石标志	用以提醒车辆驾驶人注意落石，设在有落石危险的傍山路段以前适当位置
5	道路交通标志	 40	限制速度标志	表示机动车行驶速度（单位 km/h）不准超过标志所示数值。设在风电场变电站内和场内道路需要限制车辆速度的路段起点，图中限制速度为40km/h，风电场需结合现场实际情况设置限制速度标志
6	道路交通标志	 西 信息1 信息2 信息3 信息4 信息5 信息6	指路标志	表示道路信息的指引，为驾驶者提供去往目的地所经过的道路、沿途相关地点、距离和行车方向等信息

（六）风电场施工现场安全标志

风电场施工现场或检修技术改造现场可能发生触电、火灾、爆炸、机械伤害、起重伤害、车辆伤害、物体打击、高处坠落、粉尘伤害、淹溺等安全事故，现场安全标志设置应符合表 6-33 的规定，安全标志的尺寸、形式、材质等应结合风电场和周边环境特点选择，并符合相应规范的要求。

表 6－33 风电场施工现场安全标志设置标准

序号	标志类型	图形符号	名称	设置范围和地点
1	禁止标志		禁止吸烟	施工区内严禁吸烟的场所
2	禁止标志		禁止烟火	施工区严禁携带火种的场所
3	禁止标志		禁止放置易燃物	在明火设备或高温的动火场所
4	禁止标志		禁止通行	道路施工现场，起重、爆破现场等危险作业场所

续表

序号	标志类型	图形符号	名称	设置范围和地点
5	禁止标志		禁止抛物	施工区内高处作业场所、坑洞内
6	警告标志		注意安全	施工区内、人员密集路段
7	警告标志		当心触电	施工区内电气设备或线路
8	警告标志		当心坑洞	施工区内坑洞的上方
9	警告标志		当心落物	施工区高处作业、立体交叉作业的下方

序号	标志类型	图形符号	名称	设置范围和地点
10	警告标志		当心吊物	施工吊装区域
11	警告标志		当心坠落	施工区临空面、防护栏杆及孔、洞处等
12	警告标志		当心落水	消防水池、施工期蓄水池等
13	警告标志		当心车辆	交通道口、拐弯处、人员密集路段等
14	警告标志		当心扎脚	易造成脚部伤害的施工作业场所，如施工现场及有尖角散料等处

序号	标志类型	图形符号	名称	设置范围和地点
15	指令标志		必须戴防护手套	易伤害手部的作业场所，如具有腐蚀、污染灼烫、冰冻及触电危险的施工作业场所
16	指令标志		必须戴安全帽	头部易受外部伤害的施工作业场所
17	指令标志		必须戴防毒面具	具有对人体有害的气体、气溶胶、烟尘等施工作业场所
18	指令标志		必须系安全带	易发生坠落危险的施工作业场所
19	消防安全标志		灭火器	指示灭火器存放的位置

续表

序号	标志类型	图形符号	名称	设置范围和地点
20	安全警示线		减速提示线	限速区域入口、道路弯道
21	安全警示线		防撞警示线 作用：提醒行驶车辆碰撞事故。在杆塔、支柱、管架等近距离范围内的驾驶，避免发生车辆碰撞事故	公路沿外 1m 内的杆塔下部或升压站内道路两旁的电线杆上，厂区车辆行驶通道上、转弯处建筑物棱角、支架柱、管架柱上。高度不小于 1200mm，采用倾斜角度为 45°的黄色与黑色相间的等宽条纹，条纹宽度为 200mm
22	安全警示线		防止碰头线	标注在人行通道高度不足 1.8m 的障碍物上
23	安全警示线		防止绊跤线 作用：提醒人们注意地面的障碍物，防止绊倒、摔跤等意外发生。 防止绊跤线采用倾斜角度为 45°的黄色与黑色相间的等宽条纹，宽度取 100mm	标注在人行通道地面高差 0.3m 以上的管线或其他障碍物上。 防小动物板安装在门框下部，其卡槽高度和挡板高度到一致，一般为 500mm。挡板上方 50mm 处贴有黄色与黑色相间的反光条，可在灯光或其他光源的照射下反射光线
24	安全警示线		防止踏空线 作用：提醒工作人员注意通道上的高度落差，避免踏空、跌倒等意外发生。防止踏空线采用黄色，色条宽度取 150mm，长度与通道的长度相同	楼梯的第一行台阶、人行通道高差 0.3m 以上的边缘处等

五、设备设施标志

风电场设备设施标志设置样式参考表 6-34。

表 6-34 风电场设备设施标志设置

序号	名称	图形样式
1	风电场门牌设计规范样式图	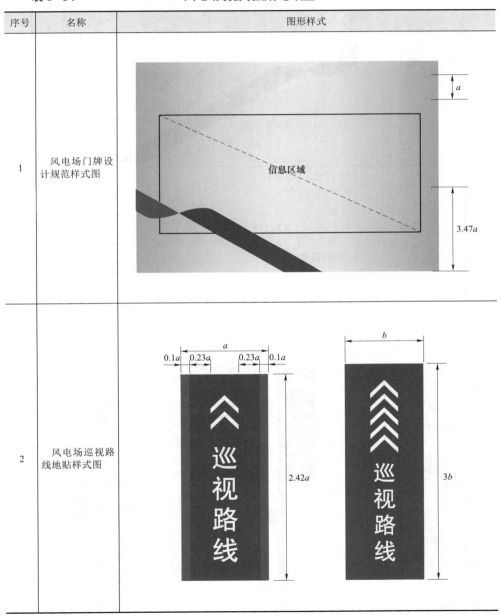
2	风电场巡视路线地贴样式图	

序号	名称	图形样式
3	风电场横式宣传板规范图（图文结合）	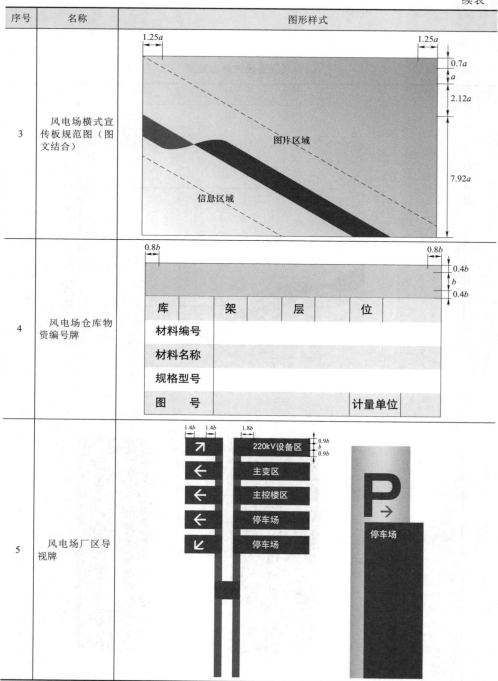
4	风电场仓库物资编号牌	
5	风电场厂区导视牌	

序号	名称	图形样式
6	风电场厂区标识牌	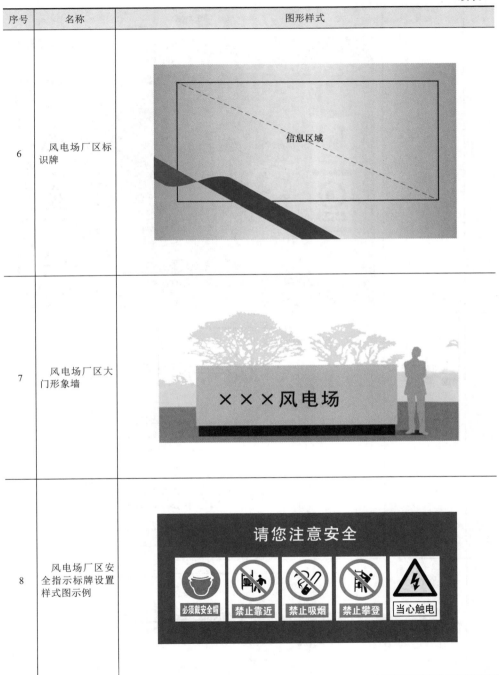
7	风电场厂区大门形象墙	
8	风电场厂区安全指示标牌设置样式图示例	

续表

序号	名称	图形样式
9	自检镜样式图示例	 您将进入生产区域 请对照检查 外来人员 未经批准 禁止入内！ 自检镜 安全提示
10	风机标示牌示例图	 08号风机
11	风电场电气设备标示牌示例图	 08号风机变压器
12	风电场设备盘眉示例图	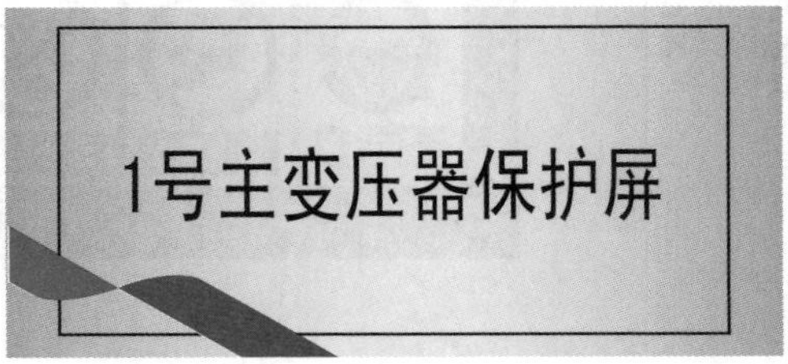 1号主变压器保护屏

序号	名称	图形样式
13	风电场电气线路杆塔标示牌示例图	35kV集电Ⅰ线 08号
14	风电场集电线路和出线线路主要杆塔相位标志牌示例图	A B C

第七章

安全风险管控及隐患排查治理

一、安全风险管理

（一）风电场危险源辨识

风电场管理和作业活动中的危险源辨识参考表 7-1。

表 7-1　　　　　风电场管理和作业活动中的危险源辨识

序号	管理/作业活动	危 险 源	时态	状态	可能的风险
1	风机作业或巡视检查	登塔检查或作业未系安全带，导致高处坠落	现在	异常	高处坠落
2		安全带未系牢或损坏，导致高处坠落	现在	异常	高处坠落
3		机舱外部工作时未使用两条安全绳，左右未挂在安全轨双支撑上，导致高处坠落	现在	异常	高处坠落
4		使用机舱内部吊车时，未将安全绳挂在机舱内部安全轨上，导致高处坠落	现在	异常	高处坠落
5		工作时未戴安全帽或安全帽不合格，导致砸伤	现在	异常	物体打击
6		登塔时工具掉落，导致砸伤	现在	正常	物体打击
7		叶片上浮冰坠落，导致人身伤害	现在	异常	人身伤害
8		风机电气作业时带电操作、违规操作导致触电	现在	正常	触电
9		安全防护不到位，导致触电	现在	正常	触电
10		高低温作业，导致中暑或冻伤	现在	正常	中暑或冻伤
11		瞬间大风导致物资损失、人员伤害	现在	异常	人身伤害和财产损失
12		安全告知执行不到位	现在	异常	人身伤害
13		相关方作业人员未能认真培训	现在	异常	机械伤害和触电
14		工作时不远离机组转动部位，导致绞伤	现在	异常	机械伤害
15		检查时误操作，导致机械伤害	现在	正常	机械伤害
16		电气短路导致火灾	将来	紧急	火灾
17		工作时抽烟，导致火灾	将来	紧急	火灾
18		清洗剂、油料失火，导致火灾	将来	紧急	火灾
19		作业时天气异常变化，导致机械伤害	现在	异常	其他伤害
20		氮气管路接口不牢固，高压气体喷出	现在	异常	机械伤害
21		氮气笼子起吊时人员停留在车辆下方	现在	异常	高处坠落
22		缺少消防、警示、疏散标志	现在	正常	火灾、高处坠落、设备损坏
23		消防器材不齐全，导致火灾无法及时扑灭	现在	正常	火灾
24		化学清洗剂挥发，导致中毒	现在	异常	中毒

续表

序号	管理/作业活动	危　险　源	时态	状态	可能的风险
25	风电场线路、箱（台）式变压器作业或巡视检查	绝缘手套、绝缘靴、绝缘杆等使用不当或失效，导致触电	现在	异常	触电
26		台式变压器未设置禁止攀爬标识，导致触电	现在	异常	触电
27		检查时安全距离不够，导致触电	现在	异常	触电
28		未戴安全帽或安全帽不合格，导致砸伤	现在	异常	物体打击
29		高低温作业，导致中暑或冻伤	现在	异常	中暑或冻伤
30		瞬间大风导致物资损失、人员伤害	现在	异常	人员伤害和财产损失
31		攀登线路杆塔时未系安全带，导致高处坠落	现在	异常	高处坠落
32		检查或作业时带电操作，导致触电	现在	异常	触电
33		箱式变压器门开启后未固定，遇大风导致门突然关闭，砸伤人员	现在	异常	物体打击
34		超过 2m 的箱式变压器平台上未设栏杆，导致高处坠落	现在	异常	高处坠落
35		高压电缆室门开启误碰带电设备，导致触电	现在	异常	触电
36		高压开关室门开启误碰带电设备，导致触电	现在	异常	触电
37		变压器室隔离门开启误碰带电设备，导致触电	现在	异常	触电
38		低压配电室开关柜门开启误碰带电设备，导致触电	现在	异常	触电
39		箱式变压器内箱体和柜门与接地体接触不良，导致触电	现在	异常	触电
40		检修时未按规程操作高压开关，导致触电	现在	异常	触电
41		线路或变压器缺少警示标志	现在	异常	触电
42		雷雨天气靠近箱式变压器未穿绝缘鞋，未戴绝缘手套，导致触电	现在	异常	触电
43	风电场升压站内作业或巡视检查	六氟化硫气体探头故障或泄漏，导致窒息	将来	异常	窒息
44		屋顶检查防雨设施，导致滑倒高处坠落	现在	异常	高处坠落
45		作业时未佩戴安防用品导致人身伤害	现在	异常	人身伤害
46		室内应急照明设备损坏	现在	异常	其他伤害
47		误触误碰带电设备，导致触电	现在	异常	触电
48		设备外壳接地不良，导致触电	现在	异常	触电
49		雷雨天气或设备故障时巡检时，跨步电压，导致触电	现在	异常	触电
50		误入带电间隔，导致触电	现在	异常	触电

续表

序号	管理/作业活动	危 险 源	时态	状态	可能的风险
51	风电场升压站内作业或巡视检查	电缆沟或电缆隧道作业，通风不良导致窒息	现在	异常	窒息
52		消防器材不齐全，导致火灾无法及时扑灭	现在	正常	火灾
53		蓄电池外溢溅于人身上，导致灼伤	现在	异常	灼伤
54	风电场设备安装调试	安全防护不到位，导致触电	现在	异常	触电
55		绝缘手套、绝缘靴、绝缘杆等使用不当或失效，导致触电	现在	异常	触电
56		检查时带电操作，导致触电	现在	异常	触电
57		临时用电线路不符合要求，导致触电	现在	异常	触电
58		六氟化硫气体探头故障或泄漏	现在	异常	窒息
59		攀登时工具掉落，导致砸伤	现在	异常	物体打击
60		未戴安全帽或安全帽不合格，导致砸伤	现在	异常	物体打击
61		高低温作业，导致中暑或冻伤	现在	异常	中暑或冻伤
62		安全带未系牢或损坏，导致高处坠落	现在	异常	高处坠落
63		攀登未系安全带，导致高处坠落	现在	异常	高处坠落
64		非特种作业人员操作设备，导致事故发生	现在	异常	人员伤害
65	风电场外来人员学习或参观	人员未佩戴劳防用品，导致碰伤	现在	异常	物体打击
66		人员未与带电设备保持安全距离	将来	紧急	触电
67		人员乱动现场设备	现在	异常	机械伤害
68		人员攀登未系安全带，导致高处坠落	现在	异常	高处坠落
69	风电场化学危险品管理	六氟化硫气体探头故障或泄漏，导致窒息	将来	异常	窒息
70		使用不合格煤气罐，发生火灾或泄漏	将来	异常	火灾爆炸
71		车用油品未按要求进行存储，导致火灾	将来	异常	火灾爆炸
72		化学危险品库房未配置警示标志和消防器材	现在	异常	火灾爆炸
73		易燃易爆物品与火源安全距离不够导致火灾	将来	异常	火灾爆炸
74	风电场生产运行	六氟化硫气体探头故障或泄漏，导致窒息	将来	异常	窒息
75		屋顶检查防雨设施，导致滑到高处坠落	现在	异常	高处坠落
76		安全防护用品老化	现在	异常	人身伤害
77		作业时未佩戴安防用品导致人身伤害	现在	异常	人身伤害
78		高压设备产生的电磁辐射导致人身伤害	现在	异常	辐射伤害
79		室内应急照明设备损坏	现在	异常	其他伤害

序号	管理/作业活动	危 险 源	时态	状态	可能的风险
80		变压器加油违章操作，导致触电	将来	异常	触电
81		检查时带电操作，导致触电	现在	异常	触电
82		临时用电线路不符合要求，导致触电	现在	异常	触电
83		未戴安全帽或安全帽不合格，导致砸伤	现在	异常	物体打击
84	风电场故障处理	攀登未系安全带，导致高处坠落	现在	异常	高处坠落
85		图纸与现场设备编号不符，人员误操作导致设备故障	现在	异常	设备故障
86		现场设备与危机控制编号不符，人员误操作导致设备故障	现在	异常	设备故障
87		工作票、操作票执行不到位	现在	异常	触电
88		使用超限或未检测的安全工器具，导致触电	现在	异常	触电
89		变压器周边清理积雪未与带电设备保持安全距离	现在	异常	触电
90		风机检查攀登未系安全带，导致高处坠落	现在	异常	高处坠落
91		设备检修（箱式变压器、主变压器、互感器）未与带电设备保持安全距离	现在	异常	触电
92		集电线路检修未与带电体保持安全距离	现在	异常	触电
93		集电线路检修未佩戴安全带或安全带超限使用	现在	异常	高处坠落
94		维修时带电操作，导致触电	现在	异常	触电
95		作业时未佩戴安防用品导致人身伤害	现在	异常	人身伤害
96	风电场维护检修作业	高处作业未按要求佩戴安全带或者安全带损坏，导致高处坠落	现在	异常	高空坠落
97		巡检时叶片浮冰坠落时导致人身伤害	现在	异常	人身伤害
98		瞬间大风导致物资损失、人员伤害	现在	异常	人员伤害和财产损失
99		图纸与现场设备编号不符，人员误操作导致设备故障	现在	异常	设备故障
100		现场设备与危机控制编号不符，人员误操作导致设备故障	现在	异常	设备故障
		工作票、操作票执行不到位	现在	异常	触电
101		使用超限或未检测的安全工器具，导致触电	现在	异常	触电
102		测风塔维护不当导致倒塌	将来	异常	设备损失人员伤害

续表

序号	管理/作业活动	危 险 源	时态	状态	可能的风险
103	风电场餐饮	备用食材未合理存储	将来	异常	中毒
104		食用过期食品	将来	异常	中毒
105		饮用水保管不当	将来	异常	中毒
106		厨师没有健康证，导致饮食不安全	现在	正常	疾病传播
107		消防器材不齐全，导致火灾无法及时扑灭	现在	正常	火灾
108		煤气罐保管不当泄漏或爆炸	将来	紧急	中毒、火灾、爆炸
109	风电场人员住宿	宿舍使用大功率用电器或私拉乱接用电线路	将来	异常	火灾、触电
110		生活电器老化	将来	异常	火灾、触电
111		电暖气周边存放易燃物	将来	异常	火灾
112	交通	酒后、疲劳、无证驾驶车辆	现在	异常	车辆伤害
113		非特种车辆驾驶人员驾驶特种车辆	现在	异常	车辆伤害
114		车辆未年检继续使用	现在	异常	车辆伤害
115		车辆保养不及时	现在	异常	车辆伤害
116		山路结冰未采取防滑措施	现在	异常	车辆伤害
117		车辆安全设施故障或缺失	现在	异常	车辆伤害
118	公共关系	人员酗酒发生斗殴	现在	异常	其他伤害
119		人员争执引发冲突	现在	异常	其他伤害
120		遇到暴恐分子遭受人身伤害及财产损失	现在	异常	人身伤害
121		与入场施工人员发生冲突	现在	异常	其他伤害
122	办公	办公复印机复印时散发的有害气体	现在	正常	电磁辐射
123		员工使用电脑时遭受的电磁辐射	现在	正常	电磁辐射
124		缺少办公区域的消防、警示、疏散标志	现在	异常	火灾、人员和财产损失
125		办公时办公时间过长，影响身体健康	现在	异常	职业伤害
126		办公桌椅不合要求或不适用	现在	异常	职业伤害
127		供电电源老化，导致火灾	将来	异常	触电、火灾
128		监控防盗设备缺失，导致升压站内失窃	现在	正常	财产损失
129		屋檐冰凌未处理，坠落伤人	现在	异常	人身伤害
130		消防器材不齐全，导致火灾无法及时扑灭	现在	正常	火灾
131		办公设备漏电，导致触电事故	将来	异常	触电、火灾

（二）安全风险评估

风电场安全风险评估有关内容和要求见表 7-2。

表 7-2　　　　　　　　　　风电场安全风险评估有关内容和要求

序号	项 目	内 容
1	目的	用系统方法检查和识别相关危险，到进行风险预估、风险评价和风险比较，反复这一过程，实施防护措施，最终实现风险降低
2	范围	（1）风电场的常规和非常规活动； （2）所有进入工作场所的人员（包括合同方和访问者）的活动； （3）工作场所的设施（无论由本单位组织还是由外界所提供）； （4）组织与相关方的相互影响； （5）气候、地理环境及其他外部的自然灾害； （6）以往活动遗留下来的潜在危害和影响
3	频次	建议每年一次
4	工作程序	（1）风险分析； （2）识别危险； （3）预估风险； （4）风险评价
5	方法	（1）危害辨识方法： 1）询问、交谈； 2）查阅有关记录； 3）现场观察； 4）获取外部信息； 5）工作任务分析； 6）安全检查表（SCL）； 7）危险与可操作性研究（HAZOP）； 8）事件树分析（ETA）； 9）故障树分析（FTA）。 （2）安全评价方法： 1）安全检查表（SCL）； 2）危险性预分析法（PHA）； 3）事故树分析（FTA）； 4）事件树分析（ETA）； 5）故障类型影响分析法（FMEA）； 6）危险与可操作性研究（HAZOP）； 7）矩阵法； 8）作业条件危险性评价法（LEC法）

（三）安全风险控制

（1）风电场检修、安装施工组织工作危险源分析控制措施，见表 7-3。

表 7-3　　　　　　　风电场检修、安装施工组织工作危险源分析控制措施

作业项目	危 险 源	控 制 措 施
工作前的施工准备	工作现场的工作条件、现场设备状况等情况了解不清	（1）接受工作任务后，勘察现场，核对图纸，检查有无反送电，明确应断开的开关、刀闸、应挂接地线处所，分析工作量的大小。 （2）对大修、技术改造、基建施工，带电作业或综合停电作业，各班组配合作业应在工作前深入现场了解情况，分析不安全因素，草拟确保施工的安全措施。 （3）一般性设备缺陷处理工作应在工作前了解掌握缺陷部位及缺陷产生的原因，制定针对性处理措施。同时要了解现场条件、停电工作地点和相邻带电设备及相应安全措施
	工作任务不清、安全措施不全	（1）大修、技术改造、基建施工，带电作业，综合性停电作业，各班组配合工作等涉及较为复杂的工作项目，应按规定编制三措施工方案，根据审批权限，报有关上级部门审批，并组织学习落实。 （2）设备缺陷处理，在工作前的班前会，应进行"三交代""三检查"。 "三交代"：交代工作地点及相邻带电设备、交代工作任务、交代安全措施及危险点分析和控制措施。 "三检查"：检查工作班成员精神状况，检查劳动防护着装、安全帽、工作鞋，检查登高、绝缘工具是否完好合格
	工作负责人、工作班人员选配、分工不当	（1）工作负责人必须具备较熟练的本工种技术水平和动手能力，应具有很强的责任心和安全意识及一定的组织指挥能力。 （2）工作班人员技术熟练，有较强的安全意识和工作责任心，在班长或工作负责人的指导下，保质保量保安全地进行工作
	无票进入现场工作	工作实施前，必须按《电力安全工作规程》的有关规定办理工作票
制定、审批保证安全施工的组织安全技术措施	签发工作票未严格把好安全关	工作票签发人必须严格审查工作票的内容与工作任务是否相符，并审查： （1）确定工作的必要性和安全性。 （2）确认工作票上所列的安全措施正确、完备。 （3）确认所派工作负责人和工作班成员适当充足
	工作许可审查不细致，未尽到许可人的责任，未办理工作许可手续工作班人员就进入现场	（1）工作许可人应首先做到： 1）确认工作票所列的安全措施正确、完备，符合现场条件。 2）确认工作现场布置的安全措施完善，确认检修设备无突然来电的危险。 3）若对工作票所列内容有疑问，应向工作票签发人询问清楚，必要时予以补充。 （2）工作许可人会同工作负责人再次检查所做的安全措施正确、完备，对工作负责人指明带电设备的位置和注意事项；会同工作负责人在工作票上分别确认、签名。 （3）工作许可后，工作班成员进入现场前，由工作负责人进行"三交代""三检查"，无误后方可进入现场
	次日复工未认真检查现场安全措施	工作间断，第二日复工之前，应会同值班员重新检查安全措施齐全完整符合工作票要求后，方可重新开始工作，工作班成员，由工作负责人或监护人带领进入现场，同时进行"三交代""三检查"后方可开工
	工作监护人离开现场，现场工作无人监护	（1）工作期间工作负责人、专责监护人应始终在工作现场，对工作班成员进行监护。工作负责人在全部停电时，可参加工作班工作，部分停电时，只有在安全措施可靠、人员集中在一个工作地点、不致误碰有电部分的情况下，方可参加工作。 （2）工作票签发人或工作负责人，应根据现场的工作条件、施工范围、工作需要等具体情况，增设专责监护人并确定被监护的人员

续表

作业项目	危险源	控 制 措 施
制定、审批保证安全施工的组织安全技术措施	未经许可人同意变更安全措施	（1）工作许可后，工作许可人、工作负责人任何一方不得擅自变更安全措施。 （2）特殊情况需要变更安全措施时，必须征得工作许可人的同意，并加强监护，完工后及时恢复原布置的安全措施
现场工作终结	工作中作业人员互相照应、协调监护不够	（1）工作班成员互相之间加强作业过程中的协调、配合。 （2）互相照应，互相监护，及时提醒纠正违规作业。 （3）及时提醒加强监护，防止误登带电设备，误入带电间隔和误碰触电
	人员未全部退出现场已下令办理终结工作	设备检修只有在工作全部完毕，工作负责人清理全部作业人员人数、姓名与工作票相符，方可办理工作票终结工作
	人员已全部退出现场办理工作终结手续后，又返回地点处理问题	（1）办理工作终结前，工作负责人应对被检修设备进行详细检查，确保没有遗留问题后，方可办理工作票终结。 （2）办理工作终结前，工作人员应清理现场工具、器材、仪表，并搬出设备区，方可办理工作票终结。 （3）工作终结前全体工作人员退出设备区，值班人员封闭设备区道路、大门。办理终结后任何人不得登上设备、构架

（2）风机检修作业工作危险点分析控制措施，见表 7-4。

表 7-4　　　　　　　　风机检修作业工作危险点分析控制措施

任务	危险点	控 制 措 施
风机巡检	精神状态	合理安排工作班人员，情绪不良者禁止工作
	着火	在野外、机舱内工作严禁明火，严禁吸烟
	高处坠落	（1）选用合格、正确的安全防护用品（安全带、安全绳等）。 （2）在机舱外部工作时必须使用两条安全绳，左右挂在安全轨双支撑上。 （3）使用机舱内吊车时，应将安全绳挂在机舱内部安全轨上
	高处落物	（1）进入作业现场，必须正确佩戴合格的安全帽。 （2）禁止两人同时上下爬梯，工作服内禁止携带物品。 （3）禁止上下抛掷工具
	机械伤害	（1）进入轮毂前，需锁定风轮，两侧锁定销须安装到位防止脱落，安装防脱落销。 （2）进轮毂前变桨到 90°，锁定球阀，触发急停按钮。 （3）禁止靠近风轮、主轴、联轴节，保证身体和转动部件间的安全距离
	触电	（1）工作中设置专人监护。 （2）工作过程中工作人员应穿绝缘鞋。 （3）与带电设备保持足够的安全距离
	油腐蚀	接触油液须戴橡胶手套
	中毒	从事液压油、齿轮油作业时必须戴防毒面具或口罩
	车辆事故	（1）车辆状况良好，一般山区道路车速限制在 20km/h，平原、荒漠道路车速限制在 30km/h。 （2）车辆应由公司准驾人员驾驶

续表

任务	危险点		控　制　措　施
风机巡检	环境		（1）严格执行厂家维护手册的规定作业风速。 （2）环境温度低于 − 40℃尽量不安排作业，温度高于 37℃尽量不安排作业。 （3）雷雨、大雾天气禁止作业
风机定检	准备工作	精神状态	合理安排工作班人员，情绪不良者禁止工作
		着火	在野外、机舱内工作严禁明火，严禁吸烟
		高处坠落	（1）选用合格的安全带、安全绳。 （2）在机舱外部工作时必须使用两条安全绳，左右挂在安全轨双支撑上。 （3）使用机舱内部吊车时，应将安全绳挂在机舱内部安全轨上
		高处落物	（1）进入作业现场，必须正确佩戴合格的安全帽。 （2）禁止两人同时上下爬梯，工作服内禁止携带物品。 （3）禁止在运行风机叶轮旋转面内停留。 （4）禁止上下抛掷工具
		车辆事故	（1）车辆状况良好，一般山区道路车速限制在 20km/h，平原、荒漠道路车速限制在 30km/h。 （2）车辆应由公司准驾人员驾驶
		环境	（1）严格执行厂家维护手册的规定作业风速。 （2）环境温度低于 − 40℃尽量不安排作业，温度高于 37℃尽量不安排作业。 （3）雷雨、大雾天气禁止作业。 （4）当风速大于 10m/s 时，注意服务吊车的使用，防止刮碰。 （5）工作中产生的废油要集中处理，防止废油污染环境
	注油	机械伤害	（1）锁定风轮，两侧锁定销须安装到位，防止脱落，安装防脱落销。 （2）进轮毂前变桨到 90°，锁定球阀，触发急停按钮。 （3）禁止在风轮、联轴节处停留，保证身体和转动部件之间的安全距离
		设备损坏	（1）按要求保证注油量、油品、油脂使用的正确性。 （2）注油前清理注油嘴和油枪注油孔，确保油脂内没有杂物。 （3）注油时应防止异物掉入设备内
	更换滤芯	油腐蚀	接触油液须戴橡胶手套
		油中毒	从事液压油作业时必须戴防毒面具或口罩
		机械伤害	液压站工作需先触发急停按钮，并通过泄压阀泄压
		设备损坏	（1）正确使用工器具。 （2）按照厂家维护手册要求对滤芯力矩进行紧固，防止发生渗油、漏油现象
	电气测试	设备损坏	（1）按照定检要求进行电气测试，不得私自更改技术参数。 （2）若测试结果超出规定范围，依照厂家维护手册进行调节
	力矩紧固	机械伤害	（1）手握在液压扳手运动反方向部位，防止挤压手指。 （2）液压扳手头在螺栓上卡好后再施加压力，工作成员之间必须配合默契。 （3）手握在套筒头和力矩扳手运动反方向部位，防止挤压手指。 （4）液压油管不允许折弯，快速接头须连接完好。 （5）在小空间内作业，注意周围环境避免磕碰伤害

任务	危险点		控 制 措 施
风机定检	力矩紧固	触电	液压扳手取电源时，须验电，戴绝缘手套，并保证连接正确可靠
		设备损坏	（1）按照厂家维护手册要求对各个连接部位进行力矩紧固，确保预紧力一致。 （2）力矩扳手、液压扳手使用前要进行力矩校验
	机械测试	机械伤害	禁止在风轮、联轴节处停留，保证身体和转动部件之间的安全距离
	充氮气	高处落物	氮气笼子应焊接牢固，起吊时人员和车辆不能停留在吊臂下方
		机械伤害	（1）触发急停按钮，并通过泄压阀泄压。 （2）氮气管路接口应安装牢固，防止高压伤人
		设备损坏	（1）使用前校验压力表，保证数据的准确性。 （2）按照厂家维护手册要求对氮气罐进行充压，防止压力过高影响气囊使用寿命
更换叶片	精神状态		合理安排工作班人员，情绪不良者禁止工作
	着火		在野外、机舱内工作严禁明火，严禁吸烟
	高处坠落		（1）选用合格的安全带、安全绳。 （2）在机舱外部工作时必须使用两条安全绳，左右挂在安全轨双支撑上。 （3）使用机舱内部吊车时，应将安全绳挂在机舱内部安全轨上
	高处落物		（1）进入作业现场，必须正确佩戴合格的安全帽。 （2）禁止两人同时上下爬梯，工作服内严禁携带物品。 （3）禁止在运行风机叶轮旋转面内停留。 （4）禁止上下抛掷工具
	起重伤害		（1）吊车作业应由专人指挥。 （2）使用标准的指挥手势及口令。 （3）吊车必须经过专业机构检验合格，吊车指挥及操作人员必须具有相应资质。 （4）根据起吊重量及提升高度选择合适吨位的吊车。 （5）工作人员禁止在吊车起重臂下、旋转半径内停留
	机械伤害		（1）手握在液压扳手运动反方向部位，防止挤压手指。 （2）液压扳手头在螺栓上卡好后再施加压力，工作成员之间必须配合默契。 （3）手握在套筒头和力矩扳手运动反方向部位，防止挤压手指。 （4）液压油管不允许折弯，快速接头须连接完好。 （5）在小空间内作业，注意周围环境避免磕碰伤害
	触电		液压扳手取电源时，须验电，戴绝缘手套，并保证连接正确可靠
	车辆事故		车辆状况良好，一般山区道路车速限制在 20km/h，平原、荒漠道路车速限制在 30km/h
	设备损坏		（1）选择正确、完好的吊具。锐角吊孔须使用卸扣，不允许直接用吊带。 （2）拉缆风绳人员必须保证缆风绳始终平稳，避免吊具损坏叶片

任务	危险点	控制措施
更换叶片	环境	（1）严格执行厂家维护手册的规定作业风速。 （2）环境温度低于 −40℃尽量不安排作业，温度高于 37℃尽量不安排作业。 （3）雷雨、大雾天气禁止作业。 （4）当风速大于 10m/s 时，注意服务吊车的使用，防止刮碰
更换轮毂、导流罩	精神状态	合理安排工作班人员，情绪不良者禁止工作
	着火	在野外、机舱内工作严禁明火，严禁吸烟
	高处坠落	（1）选用合格的安全带、安全绳。 （2）在机舱外部工作时必须使用两条安全绳，左右挂在安全轨双支撑上。 （3）使用机舱内部吊车时，应将安全绳挂在机舱内部安全轨上
	高处落物	（1）进入作业现场，必须正确佩戴合格的安全帽。 （2）禁止两人同时上下爬梯，工作服内严禁携带物品。 （3）禁止在运行风机叶轮旋转面内停留。 （4）禁止上下抛掷工具
	起重伤害	（1）吊车作业应由专人指挥。 （2）使用标准的指挥手势及口令。 （3）吊车必须经过专业机构检验合格，吊车指挥及操作人员必须具有相应资质。 （4）根据起吊重量及提升高度选择合适吨位的吊车。 （5）工作人员禁止在吊车起重臂下、旋转半径内停留
	机械伤害	（1）手握在液压扳手运动反方向部位，防止挤压手指。 （2）液压扳手头在螺栓上卡好后再施加压力，工作成员之间必须配合默契。 （3）手握在套筒头和力矩扳手运动反方向部位，防止挤压手指。 （4）液压油管不允许折弯，快速接头须连接完好。 （5）在小空间内作业，注意周围环境避免磕碰伤害
	触电	液压扳手取电源时，须验电，戴绝缘手套，并保证连接正确可靠
	车辆事故	（1）车辆状况良好，一般山区道路车速限制在20km/h，平原、荒漠道路车速限制在 30km/h。 （2）车辆应由公司准驾人员驾驶
	设备损坏	（1）选择正确、完好的吊具。锐角吊孔须使用卸扣，不允许直接用吊带。 （2）拉缆风绳人员必须保证缆风绳始终平稳，避免发生碰撞
	环境	（1）严格执行厂家维护手册的规定作业风速。 （2）环境温度低于 −40℃尽量不安排作业，温度高于 37℃尽量不安排作业。 （3）雷雨、大雾天气禁止作业。 （4）当风速大于 10m/s 时，注意服务吊车的使用，防止刮碰
更换发电机	精神状态	合理安排工作班人员，情绪不良者禁止工作
	着火	在野外、机舱内工作严禁明火，严禁吸烟
	高处坠落	（1）选用合格的安全带、安全绳。 （2）在机舱外部工作时必须使用两条安全绳，左右挂在安全轨双支撑上。 （3）使用机舱内部吊车时，应将安全绳挂在机舱内部安全轨上

续表

任务	危险点	控 制 措 施
更换发电机	高处落物	（1）进入作业现场，必须正确佩戴合格的安全帽。 （2）禁止两人同时上下爬梯，工作服内严禁携带物品。 （3）禁止在运行风机叶轮旋转面内停留。 （4）禁止上下抛掷工具
	起重伤害	（1）吊车作业应由专人指挥。 （2）使用标准的指挥手势及口令。 （3）吊车必须经过专业机构检验合格，吊车指挥及操作人员必须具有相应资质。 （4）根据起吊重量及提升高度选择合适吨位的吊车。 （5）工作人员禁止在吊车起重臂下、旋转半径内停留
	机械伤害	拆卸地脚、联轴器时防止划伤和碰伤
	触电	（1）将电源侧断路器断开。 （2）停电后，对检修设备进行验电。 （3）发电机进行拆线时首先进行放电，三相短接接地
	车辆事故	（1）车辆状况良好，一般山区道路车速限制在20km/h，平原、荒漠道路车速限制在30km/h。 （2）车辆应由公司准驾人员驾驶
	设备损坏	（1）选择正确、完好的吊具。锐角吊孔须使用卸扣，不允许直接用吊带。 （2）拉缆风绳人员必须保证缆风绳始终平稳，避免发生碰撞。 （3）拆下的接线要做好记录，防止恢复时误接线。 （4）整个更换过程应按照作业指导书的要求进行操作
	环境	（1）严格执行厂家维护手册的规定作业风速。 （2）环境温度低于－40℃尽量不安排作业，温度高于37℃尽量不安排作业。 （3）雷雨、大雾天气禁止作业。 （4）当风速大于10m/s时，注意服务吊车的使用，防止刮碰
更换发电机轴承	精神状态	合理安排工作班人员，情绪不良者禁止工作
	着火	在野外、机舱内工作严禁明火，严禁吸烟
	高处坠落	（1）选用合格的安全带、安全绳。 （2）在机舱外部工作时必须使用两条安全绳，左右挂在安全轨双支撑上。 （3）使用机舱内部吊车时，应将安全绳挂在机舱内部安全轨上
	高处落物	（1）进入作业现场，必须正确佩戴合格的安全帽。 （2）禁止两人同时上下爬梯，工作服内严禁携带物品。 （3）禁止在运行风机叶轮旋转面内停留。 （4）禁止上下抛掷工具
	机械伤害	更换前必须锁定轮毂、刹车盘
	烫伤	（1）使用轴承加热器时防止烫伤。 （2）安装轴承时防止烫伤
	触电	（1）工作中设置专人监护。 （2）工作过程中工作人员穿好绝缘鞋。 （3）将电源侧断路器断开。 （4）停电后，对检修设备进行验电

续表

任务	危险点	控 制 措 施
更换发电机轴承	车辆事故	（1）车辆状况良好，一般山区道路车速限制在 20km/h，平原、荒漠道路车速限制在 30km/h。 （2）车辆应由公司准驾人员驾驶
	设备损坏	（1）安装轴承时应避免碰撞。 （2）新安装的轴承要在轴承室内注入足够的油脂
	环境	（1）严格执行厂家维护手册的规定作业风速。 （2）环境温度低于 – 40℃尽量不安排作业，温度高于 37℃尽量不安排作业。 （3）雷雨、大雾天气禁止作业。 （4）当风速大于 10m/s 时，注意服务吊车的使用，防止刮碰
更换机舱电机	精神状态	合理安排工作班人员，情绪不良者禁止工作
	着火	在野外、机舱内工作严禁明火，严禁吸烟
	高处坠落	（1）选用合格的安全带、安全绳。 （2）在机舱外部工作时必须使用两条安全绳，左右挂在安全轨双支撑上。 （3）使用机舱内部吊车时，应将安全绳挂在机舱内部安全轨上
	高处落物	（1）进入作业现场，必须正确佩戴合格的安全帽。 （2）禁止两人同时上下爬梯，工作服内严禁携带物品。 （3）禁止在运行风机叶轮旋转面内停留。 （4）禁止上下抛掷工具
	砸伤	（1）工作人员应轻抬慢放、注意用力、拿稳扶好。 （2）工作时应穿防砸鞋，防止砸伤
	触电	（1）工作中设置专人监护。 （2）工作过程中工作人员戴好安全帽、穿好绝缘鞋。 （3）与带电设备保持安全距离。 （4）将电源侧断路器断开。 （5）停电后，对检修设备进行验电
	车辆事故	（1）车辆状况良好，一般山区道路车速限制在 20km/h，平原、荒漠道路车速限制在 30km/h。 （2）车辆应由公司准驾人员驾驶
	设备损坏	电动机转动轴固定键安装到位，与电动机连接的风扇需安装牢固，防止转动时脱落
	环境	（1）严格执行厂家维护手册的规定作业风速。 （2）环境温度低于 – 40℃尽量不安排作业，温度高于 37℃尽量不安排作业。 （3）雷雨、大雾天气禁止作业。 （4）当风速大于 10m/s 时，注意服务吊车的使用，防止刮碰
更换空气开关、接触器、继电器、模块	精神状态	合理安排工作班人员，情绪不良者禁止工作
	着火	在野外、机舱内工作严禁明火，严禁吸烟
	高处坠落	（1）选用合格的安全带、安全绳。 （2）使用机舱内部吊车时，应将安全绳挂在机舱内部安全轨上

续表

任务	危险点	控 制 措 施
更换空气开关、接触器、继电器、模块	高处落物	（1）进入作业现场，必须正确佩戴合格的安全帽。 （2）禁止两人同时上下爬梯，工作服内严禁携带物品。 （3）禁止在运行风机叶轮旋转面内停留。 （4）禁止上下抛掷工具
	触电	（1）工作中设置专人监护。 （2）工作过程中工作人员戴好安全帽、穿好绝缘鞋。 （3）与带电设备保持安全距离。 （4）将电源侧断路器断开。 （5）停电后，对检修设备进行验电
	车辆事故	（1）车辆状况良好，一般山区道路车速限制在 20km/h，平原、荒漠道路车速限制在 30km/h。 （2）车辆应由公司准驾人员驾驶
	设备损坏	（1）工作前将线号及对应点进行记录。 （2）更换完成后检查接线是否牢固。 （3）使用相同型号、规格的备件
	环境	（1）严格执行厂家维护手册的规定作业风速。 （2）环境温度低于 −40℃尽量不安排作业，温度高于 37℃尽量不安排作业。 （3）雷雨、大雾天气禁止作业。 （4）当风速大于 10m/s 时，注意服务吊车的使用，防止刮碰
更换主回路断路器	精神状态	合理安排工作班人员，情绪不良者禁止工作
	着火	在野外、机舱内工作严禁明火，严禁吸烟
	高处落物	（1）进入作业现场，必须正确佩戴合格的安全帽。 （2）禁止在运行风机叶轮旋转面内停留
	触电	（1）工作中设置专人监护。 （2）工作过程中工作人员戴好安全帽、穿好绝缘鞋。 （3）与带电设备保持安全距离。 （4）工作前断开风机变高压侧电源。 （5）停电后，对检修设备进行验电。 （6）在风机变压器低压侧挂接地线
	车辆事故	（1）车辆状况良好，一般山区道路车速限制在 20km/h，平原、荒漠道路车速限制在 30km/h。 （2）车辆应由公司准驾人员驾驶
	设备损坏	（1）拆除前牢记各部件、接线安装位置，防止安装错误。 （2）螺栓要依照力矩要求进行紧固。 （3）正确使用工器具，工作完成后清点所带工器具，以防遗留在控制柜内造成短路接地。 （4）按原设置对断路器保护定值进行整定
	环境	（1）严格执行厂家维护手册的规定作业风速。 （2）环境温度低于 −40℃尽量不安排作业，温度高于 37℃尽量不安排作业。 （3）雷雨、大雾天气禁止作业。 （4）当风速大于 10m/s 时，注意服务吊车的使用，防止刮碰

续表

任务	危险点	控制措施
更换熔断器	精神状态	合理安排工作班人员，情绪不良者禁止工作
	着火	在野外、机舱内工作严禁明火，严禁吸烟
	高处坠落	（1）选用合格的安全带、安全绳。 （2）使用机舱内吊车时，应将安全绳挂在机舱内部安全轨上
	高处落物	（1）进入作业现场，必须正确佩戴合格的安全帽。 （2）禁止两人同时上下爬梯，工作服内严禁携带物品。 （3）禁止在运行风机叶轮旋转面内停留。 （4）禁止上下抛掷工具
	触电	（1）工作中设置专人监护。 （2）工作过程中工作人员戴好安全帽、穿好绝缘鞋。 （3）与带电设备保持安全距离。 （4）将电源侧断路器断开。 （5）停电后，对检修设备进行验电
	车辆事故	（1）车辆状况良好，一般山区道路车速限制在 20km/h，平原、荒漠道路车速限制在 30km/h。 （2）车辆应由公司准驾人员驾驶
	设备损坏	（1）设备安装牢固，防止出现虚接现象。 （2）更换熔断器时，禁止擅自变更熔断器容量
	环境	（1）严格执行厂家维护手册的规定作业风速。 （2）环境温度低于－40℃尽量不安排作业，温度高于37℃尽量不安排作业。 （3）雷雨、大雾天气禁止作业。 （4）当风速大于10m/s时，注意服务吊车的使用，防止刮碰
更换 IGBT	精神状态	合理安排工作班人员，情绪不良者禁止工作
	着火	在野外、机舱内工作严禁明火，严禁吸烟
	高处坠落	（1）选用合格的安全带、安全绳。 （2）使用机舱内部吊车时，应将安全绳挂在机舱内部安全轨上
	高处落物	（1）进入作业现场，必须正确佩戴合格的安全帽。 （2）禁止两人同时上下爬梯，工作服内严禁携带物品。 （3）禁止在运行风机叶轮旋转面内停留。 （4）禁止上下抛掷工具
	触电	（1）工作中设置专人监护。 （2）工作过程中工作人员穿好绝缘鞋。 （3）将电源侧断路器断开。 （4）停电后，对检修设备进行验电
	车辆事故	（1）车辆状况良好，一般山区道路车速限制在 20km/h，平原、荒漠道路车速限制在 30km/h。 （2）车辆应由公司准驾人员驾驶
	设备损坏	（1）更换前关闭水泵阀门，待冷却液全部放出后进行更换。 （2）正确使用工器具，更换完毕后把各螺栓紧固好。 （3）更换后系统应进行排气，保证冷却液的正常循环。 （4）更换后进行测试，防止冷却水渗漏

任务	危险点	控 制 措 施
更换 IGBT	环境	（1）严格执行厂家维护手册的规定作业风速。 （2）环境温度低于－40℃尽量不安排作业，温度高于37℃尽量不安排作业。 （3）雷雨、大雾天气禁止作业。 （4）当风速大于10m/s时，注意服务吊车的使用，防止刮碰
更换冷却水泵	精神状态	合理安排工作班人员，情绪不良者禁止工作
	着火	在野外、机舱内工作严禁明火，严禁吸烟
	高处坠落	（1）选用合格的安全带、安全绳。 （2）使用机舱内部吊车时，应将安全绳挂在机舱内部安全轨上
	高处落物	（1）进入作业现场，必须正确佩戴合格的安全帽。 （2）禁止两人同时上下爬梯，工作服内严禁携带物品。 （3）禁止在运行风机叶轮旋转面内停留。 （4）禁止上下抛掷工具
	冷却液腐蚀	工作中应戴橡胶手套，防止冷却液腐蚀皮肤
	触电	（1）工作中设置专人监护。 （2）工作过程中工作人员穿好绝缘鞋。 （3）将电源侧断路器断开。 （4）停电后，对检修设备进行验电
	车辆事故	（1）车辆状况良好，一般山区道路车速限制在20km/h，平原、荒漠道路车速限制在30km/h。 （2）车辆应由公司准驾人员驾驶
	设备损坏	（1）工作前将线号及对应触点进行记录。 （2）更换水泵后进行排气。 （3）更换后进行测试，防止冷却液渗漏
	环境	（1）严格执行厂家维护手册的规定作业风速。 （2）环境温度低于－40℃尽量不安排作业，温度高于37℃尽量不安排作业。 （3）雷雨、大雾天气禁止作业。 （4）当风速大于10m/s时，注意服务吊车的使用，防止刮碰
更换变压器、电抗器、电容器	精神状态	合理安排工作班人员，情绪不良者禁止工作
	着火	在野外、机舱内工作严禁明火，严禁吸烟
	高处坠落	（1）选用合格的安全带、安全绳。 （2）使用机舱内部吊车时，应将安全绳挂在机舱内部安全轨上
	高处落物	（1）进入作业现场，必须正确佩戴合格的安全帽。 （2）禁止两人同时上下爬梯，工作服内严禁携带物品。 （3）禁止在运行风机叶轮旋转面内停留。 （4）禁止上下抛掷工具
	砸伤	（1）工作人员应轻抬慢放、注意用力、拿稳扶好。 （2）工作时应穿防砸鞋，防止砸伤

续表

任务	危险点	控 制 措 施
更换变压器、电抗器、电容器	触电	（1）工作中设置专人监护。 （2）工作过程中工作人员穿好绝缘鞋。 （3）将电源侧断路器断开。 （4）停电后，对检修设备进行验电。 （5）停电后，对设备进行放电，防止感应电触电
	车辆事故	（1）车辆状况良好，一般山区道路车速限制在20km/h，平原、荒漠道路车速限制在30km/h。 （2）车辆应由公司准驾人员驾驶
	设备损坏	（1）更换变压器时保护好线圈。 （2）按照厂家维护手册要求进行力矩紧固。 （3）工作前将线号及对应触点进行记录
	环境	（1）严格执行厂家维护手册的规定作业风速。 （2）环境温度低于−40℃尽量不安排作业，温度高于37℃尽量不安排作业。 （3）雷雨、大雾天气禁止作业。 （4）当风速大于10m/s时，注意服务吊车的使用，防止刮碰
更换散热片	着火	在野外、机舱内工作严禁明火，严禁吸烟
	高处坠落	（1）选用合格的安全带、安全绳。 （2）在机舱外部工作时必须使用两条安全绳，左右挂在安全轨双支撑上。 （3）使用机舱内部吊车时，应将安全绳挂在机舱内部安全轨上
	高处落物	（1）进入作业现场，必须正确佩戴合格的安全帽。 （2）禁止两人同时上下爬梯，工作服内严禁携带物品。 （3）禁止在运行风机叶轮旋转面内停留。 （4）禁止上下抛掷工具。 （5）机舱顶部物品放到指定位置，防止掉落
	热油伤害	（1）将散热片及油管内油放空。 （2）须戴防毒面具或口罩，防止吸入蒸汽
	车辆事故	（1）车辆状况良好，一般山区道路车速限制在20km/h，平原、荒漠道路车速限制在30km/h。 （2）车辆应由公司准驾人员驾驶
	设备损坏	安装散热片时应注意碰撞而损坏设备
	环境	（1）严格执行厂家维护手册的规定作业风速。 （2）环境温度低于−40℃尽量不安排作业，温度高于37℃尽量不安排作业。 （3）雷雨、大雾天气禁止作业。 （4）当风速大于10m/s时，注意服务吊车的使用，防止刮碰
更换风速仪	着火	在野外、机舱内工作严禁明火，严禁吸烟
	高处坠落	（1）选用合格的安全带、安全绳。 （2）在机舱外部工作时必须使用两条安全绳，左右挂在安全轨双支撑上。 （3）使用机舱内部吊车时，应将安全绳挂在机舱内部安全轨上

续表

任务	危险点	控 制 措 施
更换风速仪	高处落物	（1）进入作业现场，必须正确佩戴合格的安全帽。 （2）禁止两人同时上下爬梯，工作服内严禁携带物品。 （3）禁止在运行风机叶轮旋转面内停留。 （4）禁止上下抛掷工具。 （5）机舱顶部物品放到指定位置，防止掉落
	车辆事故	（1）车辆状况良好，一般山区道路车速限制在 20km/h，平原、荒漠道路车速限制在 30km/h。 （2）车辆应由公司准驾人员驾驶
	设备损坏	（1）自动偏航，观察机舱是否自动对风，适当调整风速仪位置，保证风机在最佳迎风面。 （2）检查风速仪避雷支架，并紧固。 （3）工作前将线号及对应触点进行记录
	环境	（1）严格执行厂家维护手册的规定作业风速。 （2）环境温度低于 −40℃ 尽量不安排作业，温度高于 37℃ 尽量不安排作业。 （3）雷雨、大雾天气禁止作业。 （4）当风速大于 10m/s 时，注意服务吊车的使用，防止刮碰
更换变桨缸、反旋转轴承	着火	在野外、机舱内工作严禁明火，严禁吸烟
	高处坠落	（1）选用合格的安全带、安全绳。 （2）使用机舱内部吊车时，应将安全绳挂在机舱内部安全轨上
	高处落物	（1）进入作业现场，必须正确佩戴合格的安全帽。 （2）禁止两人同时上下爬梯，工作服内严禁携带物品。 （3）禁止在运行风机叶轮旋转面内停留。 （4）禁止上下抛掷工具
	机械伤害	（1）锁定风轮，两侧锁定销须安装到位，防止脱落，安装防脱落销。 （2）进轮毂前变桨到 0°，锁定球阀，触发急停按钮。 （3）拆卸变桨缸前须先通过泄压阀泄压，并触发急停按钮
	油腐蚀	戴橡胶手套
	车辆事故	（1）车辆状况良好，一般山区道路车速限制在 20km/h，平原、荒漠道路车速限制在 30km/h。 （2）车辆应由公司准驾人员驾驶
	设备损坏	（1）锁定桨叶，防止桨叶落架。 （2）变桨连杆安装前涂抹油脂进行润滑。 （3）按要求使用力矩扳手
	环境	（1）严格执行厂家维护手册的规定作业风速。 （2）环境温度低于 −40℃ 尽量不安排作业，温度高于 37℃ 尽量不安排作业。 （3）雷雨、大雾天气禁止作业。 （4）当风速大于 10m/s 时，注意服务吊车的使用，防止刮碰
更换偏航滑块	着火	在野外、机舱内工作严禁明火，严禁吸烟
	高处坠落	（1）选用合格的安全带、安全绳。 （2）使用机舱内部吊车时，应将安全绳挂在机舱内部安全轨上

续表

任务	危险点	控　制　措　施
更换偏航滑块	高处落物	（1）进入作业现场，必须正确佩戴合格的安全帽。 （2）禁止两人同时上下爬梯，工作服内严禁携带物品。 （3）禁止在运行风机叶轮旋转面内停留。 （4）禁止上下抛掷工具
	机械伤害	（1）手握在液压扳手运动反方向部位，防止挤压手指。 （2）液压油管不允许折弯，快速接头须连接完好。 （3）套筒头和力矩扳手连接须牢固。 （4）滑块和滑道之间工作时禁止伸入手指
	触电	液压扳手取电源时，须验电，戴绝缘手套，并保证连接正确可靠
	车辆事故	（1）车辆状况良好，一般山区道路车速限制在20km/h，平原、荒漠道路车速限制在30km/h。 （2）车辆应由公司准驾人员驾驶
	设备损坏	（1）安装时防止异物、工具、备件遗留在摩擦面之间。 （2）按照作业指导书要求对滑块螺栓进行力矩紧固。 （3）安装完成后在滑块表面涂抹适量的润滑油脂
	环境	（1）严格执行厂家维护手册的规定作业风速。 （2）环境温度低于－40℃尽量不安排作业，温度高于37℃尽量不安排作业。 （3）雷雨、大雾天气禁止作业。 （4）当风速大于10m/s时，注意服务吊车的使用，防止刮碰
更换偏航计数器	着火	在野外、机舱内工作严禁明火，严禁吸烟
	高处坠落	（1）选用合格的安全带、安全绳。 （2）使用机舱内部吊车时，应将安全绳挂在机舱内部安全轨上
	高处落物	（1）进入作业现场，必须正确佩戴合格的安全帽。 （2）禁止两人同时上下爬梯，工作服内严禁携带物品。 （3）禁止在运行风机叶轮旋转面内停留。 （4）禁止上下抛掷工具
	车辆事故	（1）车辆状况良好，一般山区道路车速限制在20km/h，平原、荒漠道路车速限制在30km/h。 （2）车辆应由公司准驾人员驾驶
	设备损坏	（1）手动偏航将动力电缆解缆。 （2）新的偏航计数器按照图纸要求调到初始位置。 （3）自动偏航检查电缆绞缆情况。 （4）工作前将线号及对应触点进行记录
	环境	（1）严格执行厂家维护手册的规定作业风速。 （2）环境温度低于－40℃尽量不安排作业，温度高于37℃尽量不安排作业。 （3）雷雨、大雾天气禁止作业。 （4）当风速大于10m/s时，注意服务吊车的使用，防止刮碰
更换偏航减速器	着火	在野外、机舱内工作严禁明火，严禁吸烟
	高处坠落	（1）选用合格的安全带、安全绳。 （2）使用机舱内部吊车时，应将安全绳挂在机舱内部安全轨上

续表

任务	危险点	控　制　措　施
更换偏航减速器	高处落物	（1）进入作业现场，必须正确佩戴合格的安全帽。 （2）禁止两人同时上下爬梯，工作服内严禁携带物品。 （3）禁止在运行风机叶轮旋转面内停留。 （4）禁止上下抛掷工具
	砸伤	搬运偏航减速器时防止设备砸伤工作人员
	油腐蚀	接触油品时应戴橡胶手套、防毒面具或口罩
	车辆事故	（1）车辆状况良好，一般山区道路车速限制在20km/h，平原、荒漠道路车速限制在30km/h。 （2）车辆应由公司准驾人员驾驶
	设备损坏	（1）吊带应完好无破损，保证安全系数，不得超载使用。 （2）绑扎固定应牢固。 （3）使用导链时用力均匀，不可突然发力。 （4）吊环应拧紧到根部，防止由于丝杆长没有拧到位，而导致丝杆弯曲断裂。 （5）应选择牢固的挂点安装吊环
	环境	（1）严格执行厂家维护手册的规定作业风速。 （2）环境温度低于－40℃尽量不安排作业，温度高于37℃尽量不安排作业。 （3）雷雨、大雾天气禁止作业。 （4）当风速大于10m/s时，注意服务吊车的使用，防止刮碰
更换液压阀	精神状态	合理安排工作班人员，情绪不良者禁止工作
	着火	在野外、机舱内工作严禁明火，严禁吸烟
	高处坠落	（1）选用合格的安全带、安全绳。 （2）使用机舱内部吊车时，应将安全绳挂在机舱内部安全轨上
	高处落物	（1）进入作业现场，必须正确佩戴合格的安全帽。 （2）禁止两人同时上下爬梯，工作服内禁止携带物品。 （3）禁止在运行风机叶轮旋转面内停留。 （4）禁止上下抛掷工具
	机械伤害	更换前将液压站泄压，激活急停按钮
	油腐蚀	接触油品时应戴橡胶手套、防毒面具或口罩
	触电	（1）工作中设置专人监护。 （2）工作过程中工作人员穿好绝缘鞋。 （3）与带电设备保持安全距离。 （4）将电源侧断路器断开。 （5）停电后，对检修设备进行验电
	车辆事故	（1）车辆状况良好，车速限制在30km/h内。 （2）车辆应由公司准驾人员驾驶
	设备损坏	（1）保证液压阀体的清洁，避免杂物流入液压站内。 （2）不得随意调整阀体控制范围

续表

任务	危险点	控 制 措 施
更换液压阀	环境	（1）严格执行厂家维护手册的规定作业风速。 （2）环境温度低于 −40℃尽量不安排作业，温度高于 37℃尽量不安排作业。 （3）雷雨、大雾天气禁止作业。 （4）当风速大于 10m/s 时，注意服务吊车的使用，防止刮碰
更换油管	精神状态	合理安排工作班人员，情绪不良者禁止工作
	着火	在野外、机舱内工作严禁明火，严禁吸烟
	高处坠落	（1）选用合格的安全带、安全绳。 （2）使用机舱内部吊车时，应将安全绳挂在机舱内部安全轨上
	高处落物	（1）进入作业现场，必须正确佩戴合格的安全帽。 （2）禁止两人同时上下爬梯，工作服内禁止携带物品。 （3）禁止在运行风机叶轮旋转面内停留。 （4）禁止上下抛掷工具
	机械伤害	（1）更换前将液压站泄压，激活急停按钮。 （2）禁止在打压时正面观察油管，防止油管崩裂
	油腐蚀	接触油品时应戴橡胶手套、防毒面具或口罩
	触电	（1）工作中设置专人监护。 （2）工作过程中工作人员穿好绝缘鞋。 （3）与带电设备保持安全距离。 （4）将电源侧断路器断开。 （5）停电后，对检修设备进行验电
	车辆事故	（1）车辆状况良好，一般山区道路车速限制在 20km/h，平原、荒漠道路车速限制在 30km/h。 （2）车辆应由公司准驾人员驾驶
	设备损坏	（1）保证液压阀体的清洁，避免杂物流入液压站内。 （2）油管不能弯折，防止损坏油管。 （3）在新更换的油管接头处涂抹封胶，防止渗油
	环境	（1）严格执行厂家维护手册的规定作业风速。 （2）环境温度低于 −40℃尽量不安排作业，温度高于 37℃尽量不安排作业。 （3）雷雨、大雾天气禁止作业。 （4）当风速大于 10m/s 时，注意服务吊车的使用，防止刮碰
更换刹车卡钳	精神状态	合理安排工作班人员，情绪不良者禁止工作
	着火	在野外、机舱内工作严禁明火，严禁吸烟
	高处坠落	（1）选用合格的安全带、安全绳。 （2）使用机舱内部吊车时，应将安全绳挂在机舱内部安全轨上
	高处落物	（1）进入作业现场，必须正确佩戴合格的安全帽。 （2）禁止两人同时上下爬梯，工作服内禁止携带物品。 （3）禁止在运行风机叶轮旋转面内停留。 （4）禁止上下抛掷工具
	机械伤害	（1）更换前将液压站泄压，激活急停按钮。 （2）禁止在打压时正面观察油管，防止油管崩裂
	油腐蚀	接触油品时应戴橡胶手套、防毒面具或口罩

续表

任务	危险点	控 制 措 施
更换刹车卡钳	触电	(1) 工作中设置专人监护。 (2) 工作过程中工作人员穿好绝缘鞋。 (3) 与带电设备保持安全距离。 (4) 将电源侧断路器断开。 (5) 停电后,对检修设备进行验电
	车辆事故	(1) 车辆状况良好,一般山区道路车速限制在20km/h,平原、荒漠道路车速限制在30km/h。 (2) 车辆应由公司准驾人员驾驶
	设备损坏	(1) 保证液压油管接头的清洁,避免杂物流入液压站内。 (2) 油管不能弯折,防止损坏油管。 (3) 在新更换的油管接头处涂抹封胶,防止渗油。 (4) 对新更换的刹车卡钳进行排气。 (5) 触发急停按钮,观察刹车是否正常工作
	环境	(1) 严格执行厂家维护手册的规定作业风速。 (2) 环境温度低于-40℃尽量不安排作业,温度高于37℃尽量不安排作业。 (3) 雷雨、大雾天气禁止作业。 (4) 当风速大于10m/s时,注意服务吊车的使用,防止刮碰
更换电缆固定附件(护套)	精神状态	合理安排工作班人员,情绪不良者禁止工作
	着火	在野外、机舱内工作严禁明火,严禁吸烟
	高处坠落	(1) 选用合格的安全带、安全绳。 (2) 使用机舱内部吊车时,应将安全绳挂在机舱内部安全轨上
	高处落物	(1) 进入作业现场,必须正确佩戴合格的安全帽。 (2) 禁止两人同时上下爬梯,工作服内禁止携带物品。 (3) 禁止在运行风机叶轮旋转面内停留。 (4) 禁止上下抛掷工具。 (5) 将破损的电缆护套拆下,装入所带工具桶内。 (6) 更换电缆护套时塔筒内不得有人员停留
	触电	(1) 工作中设置专人监护。 (2) 工作过程中工作人员戴好安全帽、穿好绝缘鞋。 (3) 将电源侧断路器断开。 (4) 停电后,对检修设备进行验电
	车辆事故	(1) 车辆状况良好,一般山区道路车速限制在20km/h,平原、荒漠道路车速限制在30km/h。 (2) 车辆应由公司准驾人员驾驶
	设备损坏	(1) 新电缆护套固定时防止划伤主电缆。 (2) 绑扎牢固
	环境	(1) 严格执行厂家维护手册的规定作业风速。 (2) 环境温度低于-40℃尽量不安排作业,温度高于37℃尽量不安排作业。 (3) 雷雨、大雾天气禁止作业。 (4) 当风速大于10m/s时,注意服务吊车的使用,防止刮碰
发电机绝缘测量	着火	在野外、机舱内工作严禁明火,严禁吸烟
	高处坠落	(1) 选用合格的安全带、安全绳。 (2) 使用机舱内部吊车时,应将安全绳挂在机舱内部安全轨上

任务	危险点	控　制　措　施
发电机绝缘测量	高处落物	（1）进入作业现场，必须正确佩戴合格的安全帽。 （2）禁止两人同时上下爬梯，工作服内严禁携带物品。 （3）禁止在运行风机叶轮旋转面内停留。 （4）禁止上下抛掷工具
	机械伤害	打开发电机后端盖前锁定轮毂、激活急停按钮
	粉尘伤害	拆卸滑环前佩戴防尘口罩
	触电	（1）工作中设置专人监护。 （2）工作过程中工作人员穿好绝缘鞋。 （3）将电源侧断路器断开。 （4）停电后，对检修设备进行验电。 （5）停电后，对设备进行放电，防止感应电触电。 （6）试验仪器良好接地，戴手套
	车辆事故	（1）车辆状况良好，一般山区道路车速限制在20km/h，平原、荒漠道路车速限制在30km/h。 （2）车辆应由公司准驾人员驾驶
	设备损坏	（1）选择正确的电压等级进行测量。 （2）测量数据做好记录，以便参考分析。 （3）做好拆线记录，测量完毕后恢复设备原状
	环境	（1）严格执行厂家维护手册的规定作业风速。 （2）环境温度低于−40℃尽量不安排作业，温度高于37℃尽量不安排作业。 （3）雷雨、大雾天气禁止作业。 （4）当风速大于10m/s时，注意服务吊车的使用，防止刮碰
电气回路测量	着火	在野外、机舱内工作严禁明火，严禁吸烟
	高处坠落	（1）选用合格的安全带、安全绳。 （2）使用机舱内部吊车时，应将安全绳挂在机舱内部安全轨上
	高处落物	（1）进入作业现场，必须正确佩戴合格的安全帽。 （2）禁止两人同时上下爬梯，工作服内严禁携带物品。 （3）禁止在运行风机叶轮旋转面内停留。 （4）禁止上下抛掷工具
	触电	（1）工作中设置专人监护。 （2）工作过程中工作人员穿好绝缘鞋。 （3）将电源断路器断开。如需带电测量，保持与带电部位的安全距离。 （4）试验仪器良好接地，戴手套。 （5）停电后，对检修设备进行验电。 （6）停电后，对设备进行放电，防止感应电触电
	车辆事故	（1）车辆状况良好，一般山区道路车速限制在20km/h，平原、荒漠道路车速限制在30km/h。 （2）车辆应由公司准驾人员驾驶
	设备损坏	（1）选择正确的仪表。 （2）选择正确的测量挡位
	环境	（1）严格执行厂家维护手册的规定作业风速。 （2）环境温度低于−40℃尽量不安排作业，温度高于37℃尽量不安排作业。 （3）雷雨、大雾天气禁止作业。 （4）当风速大于10m/s时，注意服务吊车的使用，防止刮碰

（3）电气运行巡视设备危险点分析控制措施，见表 7-5。

表 7-5　　　　　　　　　电气运行巡视设备危险点分析控制措施

作业项目		危 险 点	控 制 措 施
正常巡视	雷雨天	（1）避雷针落雷，反击伤人。 （2）避雷器爆炸伤人。 （3）室外端子箱、气体继电器进雨水	（1）穿试验合格的绝缘靴，并远离避雷针 5m。 （2）戴好安全帽，不得靠近避雷器检查动作值。 （3）端子箱、机构箱门关紧，气体继电器防雨罩完好
	雾天	（1）突发性设备污闪（雾闪），接地伤人。 （2）空气绝缘水平降低，易发生放电。 （3）能见度低误入非安全区域内	（1）应穿绝缘靴巡视。 （2）在室外布置措施或设备巡视时，严禁扬手。 （3）巡视时要谨慎、小心
	冰雪天	（1）端子箱、机构箱内进雪熔化受潮直流接地或保护误动作。 （2）蓄电池室内温度过低，不能正常工作。 （3）巡视路滑，易摔跤。 （4）上下室外楼梯踏空、滑跌	（1）检查箱门关闭良好，若遇受潮，应立即用热风机干燥处理。 （2）门窗封闭良好，开启升温设备保持湿度不低于规定值。 （3）穿绝缘胶鞋，慢行，及时清雪。 （4）及时清雪，抓扶手慢行
	夜间	（1）夜间能见度低易伤人。 （2）巡视盖板不整齐，踏空摔跤，造成人体挫伤、扭伤	（1）携带照度合格的照明器具，谨慎检查。 （2）认真检查，盖板应平整，无窜动，保证夜间巡视的安全
	大风天气	（1）刮起外物短路。 （2）设备防雨帽、标示牌脱落伤人	（1）认真巡视，对外物及时处理、清理。 （2）平时要认真检查，不牢固的及时处理
	高温天气	（1）充油设备，油位升高，内压增大造成喷油严重渗油。 （2）液压机构油压异常升高，开关不能安全可靠动作	（1）监视油位变化，必要时请求停电调整油位。 （2）监视不超过极限压力，人工安全泄压，建立专用记录进行监视分析
特殊巡视	系统接地	（1）接地故障引起谐振，从而易引起电压互感器爆炸。 （2）接地易产生跨步电压触电伤人	（1）检查设备时应戴好安全帽，防止爆炸碎片伤人，同时要远离电压互感器。 （2）巡视时应穿绝缘靴，戴绝缘手套，与接地点保持 8m 以上距离
	充油设备异音	（1）设备爆炸伤人。 （2）溅油起火伤人	巡视时戴好安全帽，两人同时进行巡视，未采取可靠措施前不得靠近异常设备
	电流互感器开路	电流互感器爆炸，电流互感器二次产生高电压伤人	穿绝缘靴，戴好安全帽和绝缘手套，两人同时进行巡视。出现异常现象及时汇报处理
	SF$_6$泄压	SF$_6$气体中毒	进入室内启动引风机，进入气体积聚处戴好防毒面具

（4）电气倒闸操作危险点分析控制措施，见表 7-6。

表 7-6 电气倒闸操作危险点分析控制措施

作业项目	危 险 点	控 制 措 施
接受调度操作命令	接听电话不清，接受操作命令错误	（1）接受操作令前与调度方通话做好记录。 （2）启动录音对接受操作令进行全过程录音。 （3）受令完毕逐字、逐句复诵，以使双方听证无误，如有疑问必须双方应答清楚
填写操作票	操作票填写错误	（1）受令后根据操作任务对照一次系统图，明确操作对象、运行位置、开关、刀闸双重编号。 （2）由操作人填写操作票，监护人逐项审核。 （3）正式操作前必须在模拟盘上操作预演无误
误操作	走错间隔	（1）操作人在前，监护人在后到达操作现场。 （2）确认操作对象的设备名称、双重编号与操作票相符。 （3）监护人不动口，操作人不动手
	误操作	（1）倒闸操作必须由两人进行。 （2）监护人持票发令，操作人复诵，严格做到监护人不动口，操作人不动手。操作中每进行一项均必须进行"四对照"，严格按票面顺序操作。 （3）执行一个倒闸操作任务中途不准换人。 （4）防误闭锁装置不准用万能钥匙解锁和撬砸闭锁装置。 （5）每操作完一项及时打"√"，不得事后补打。 （6）大型、重要操作场长或技术负责人应参与监护
	操作感应触电	（1）拉、合开关、刀闸操作必须穿绝缘靴、戴绝缘手套。 （2）雨天室外操作杆必须装有防雨罩。 （3）雷电、大风、大雨天气时禁止操作。 （4）装拆高压熔断器，应戴护目镜，必要时使用绝缘夹钳，站在绝缘垫上
	带电拉合、装拆地刀地线	（1）操作前必须使用合格的验电器先验电。 （2）装地线时，先装接地端，后装导体端。拆地线时程序相反，接地端不得缠绕
	电弧灼伤	（1）操作时，操作人、监护人应选择合适的站位。 （2）操作时，操作人的身体应躲开刀闸和把手活动范围
装设标示牌围栏	标示牌不明显或错误，围栏装设错误	（1）严格按操作票项目装设标志牌，齐全醒目，文字部位朝外。 （2）室内高压设备停电工作，应在工作地点两旁间隔或对面间隔装设遮栏式红白相间警绳，悬挂"止步，高压危险"标志牌。 （3）在室外地面高压设备上工作，应在工作地点四周装设围栏，标志牌文字朝内

（5）电气检修（维护）危险点分析控制措施，见表 7-7。

表 7-7　　　　　　　　电气检修（维护）危险点分析控制措施

作业项目	危　险　点	控　制　措　施
电气检修	误登、误碰带电设备	（1）开工前严格进行"三交代"，明确工作任务、工作地点及安全措施。 （2）检修前必须核对设备名称和编号与工作票是否相符，确认"在此工作"标志正确。 （3）严格履行验电、接地手续。 （4）工作地点必须装设安全围栏，文字朝内，悬挂"止步，高压危险"警示牌。 （5）相邻带电设备悬挂"止步，高压危险"标示牌。 （6）设专人监护，随时纠正违规动作，督促保持安全距离
	误入带电间隔	（1）开工前严格进行"三交代"，交代工作任务、指明工作地点和安全注意事项。 （2）认真核对设备名称和编号与工作票是否相符。 （3）严格履行验电、挂接地线程序，严格执行工作许可制度。 （4）装设安全围栏，工作地点装设"在此工作"标示牌。 （5）相邻带电设备装设"止步，高压危险"标示牌。 （6）设专人监护，随时纠正违规动作
	检修人员随意解除防误闭锁	（1）严格执行防误闭锁操作程序。 （2）禁止任何人员未经批准随意使用万能钥匙。 （3）禁止用万能钥匙代替程序钥匙进行操作。 （4）禁止用其他工具撬砸闭锁装置
	高处坠落和物体打击	（1）登高作业（2m 及以上）系好安全带，使用防滑木梯。 （2）工作中严格执行"两穿一戴"，安全帽必须系好帽带。 （3）工作中应认真谨慎，防止工器具和设备脱手或脱落
	攀登高压瓷柱时折断	（1）攀登电流互感器、电压互感器前应认真检查瓷套有无裂纹。 （2）禁止直接攀登 110kV 避雷器及瓷质绝缘支柱、隔离开关支柱从事拆、接线工作
	脚手架不稳倒塌	（1）检修用脚手架必须搭设牢固，四周用拉绳绑牢，缆绳不得系在带电设备上，上部必须有 1m 高的防护围栏，站人跳板不得破损。 （2）拆除脚手架必须由上而下分层进行，不准上下层同时拆除，不准将整个脚手架推倒或先拆下层立柱。 （3）超高超大脚手架应装剪力撑杆
	带电装设接地线	（1）首先将接地线尾端与检修设备的接地桩头牢固连接，禁止接地线缠绕。 （2）验电前必须在同一电压的有电设备上验证验电器是否良好，并穿绝缘鞋、戴绝缘手套。 （3）当验明确无电压后应立即将检修设备接地并三相短接。 （4）装、拆接地线均应使用绝缘棒和戴绝缘手套
	交流低压、直流短路而导致电弧灼伤	在交流低压配电及直流系统上应由两人进行工作，并做好交、直流短路的安全措施
	搬运长物触电	在升压站内搬运长物，必须放倒搬运
	刀闸跌落电弧伤人	高压设备、母线检修时，母线隔离开关要加装绝缘罩，刀闸操作把手要加用止位螺钉并保证止位可靠
	起重设备误碰带电设备	起重时控制吊臂回转尺寸、角度，指挥人员、司机加强监护

（6）风电机组检查维护危险点分析控制措施，见表 7-8。

表 7-8　　　　　　　　风电机组检查维护危险点分析控制措施

作业项目	危　险　点	控　制　措　施
轮毂内部检查维护	异物进入轮毂内	（1）工作前应检查工作票上列的安全措施是否完善。 （2）进入轮毂前，工作人员应将随身所带的物品（如手机、钥匙、笔等）全部拿出。 （3）对所带工器具应登记，小工具（如扳手、螺丝刀、钳子等）应用绳子系好。 （4）检查完毕出来后要对照登记簿检查所带轮毂内的工具物品是否全部带出
	运动部件转动伤人	（1）风速应小于 12m/s。 （2）使风机停机。 （3）发电机转子刹车并将发电机转子锁定
塔架攀爬	高处坠落和物体打击	（1）按要求穿戴合格的安全帽、安全带、带挂钩的安全绳和防坠落的机械安全锁扣，到达塔架顶部、盖上盖板后才能解开安全绳。 （2）一次一个人攀爬塔架，当平台盖板盖上后，第二个人才能开始攀爬。 （3）随身携带的小工具或小零件应放在袋中或工具包中固定可靠，防止意外坠落。 （4）攀爬塔架前检查梯子、塔架平台、机舱内平台、下平台是否有油、油脂。梯子结冰时严禁攀爬
机舱内部检查维护	异物进入机舱内	（1）工作前应检查工作票上列的安全措施是否完善。 （2）进入机舱前，工作人员应将随身所带的物品（如手机、钥匙、笔等）全部拿出。 （3）对所带工器具应登记，小工具（如扳手、螺丝刀、钳子等）应用绳子系好。 （4）检查完毕出来后要对照登记簿检查所带机舱内的工具物品是否全部带出
	运动部件转动伤人	（1）风速应小于 18m/s。 （2）不在偏航齿轮附近逗留。 （3）不站在机舱爬梯和塔架顶部爬梯之间。 （4）不接触偏航刹车系统的内部

（7）高压试验危险点分析控制措施，见表 7-9。

表 7-9　　　　　　　　高压试验危险点分析控制措施

作业项目	危　险　点	控　制　措　施
高压试验	误登带电设备（间隔）	试验现场必须安装安全临时遮栏，向外悬挂"止步，高压危险"标志牌，并设专人监护，严防误登带电设备
	试验设备及自用电源电击伤人	（1）高压试验设备的外壳必须接地。接地线应使用截面面积不小于 4mm² 的多股软裸铜线。接地必须良好可靠。 （2）被试设备的金属外壳应可靠接地，高压引线的接线应牢固并尽量缩短，高压引线必须使用绝缘物支持固定。 （3）试验电源必须用有明显断开点的刀闸，外壳不得破损

续表

作业项目	危　险　点	控　制　措　施
高压试验	试验接线错误，表计量程不符合试验要求	加压前必须认真检查试验接线、表计倍率、量程符合试验要求，调压器是否在零位，均应正确无误
	试验现场和被试设备接线人员未离开	工作负责人通知有关人员离开被试设备，并观察试验现场确已无人，改接线人员确已离开被试设备
	大电容被试设备放电不充分，电击伤人	（1）未装地线的大电容被试设备，应先行放电再试验。 （2）高压直流试验时，每告一段落或试验结束时，应将设备对地放电数次并短路接地
	被试设备未安全脱离电源而更改接线	（1）变更接线或试验结束时，应首先断开试验电源放电，并将升压设备部分短路接地。 （2）被试设备未脱离试验电源，放电未尽不得对被试设备改接线
	试验失去监护	（1）高压试验工作不得少于两人，试验负责人应由有经验的人员担任，开始试验前，试验负责人应对全体试验人员详细交代试验中的安全注意事项。 （2）加压过程中专人监护，操作人大声呼唱
	无票工作或搭票工作	（1）高压试验应填写第一种工作票。在一个电气连接部分同时有检修和试验时，可填写一张工作票，但在试验前应得到检修工作负责人的许可。 （2）在同一电气连接部分，高压试验的工作票发出后，禁止再发出第二张工作票

（8）继电保护（自动化）及二次回路检查调试危险点分析控制措施，见表7-10。

表7-10　继电保护（自动化）及二次回路检查调试危险点分析控制措施

作业项目	危　险　点	控　制　措　施
继电保护（自动化）校验	误入运行带电间隔	认真核对设备保护名称和待试验开关间隔编号，工作时设专人监护，不得误入相邻运行间隔，并只能在警示绳内指定地区工作
	误跳开关	在一次设备运行而停开部分保护工作时，应特别注意断不经连接片的跳、合闸线圈及与运行设备有关的连线
	误动作保护回路	在校验继电保护二次回路时，凡与其他运行设备二次回路相连的连接片的线应有明显标记，并按安全措施仔细地将有关回路断开或短路，做好记录
	失去安全监护	在运行中的二次回路上工作时，必须由一人操作，另一人作监护，监护人由技术经验水平较高者担任
	现场安全措施不全	（1）工作负责人应查对运行人员所做的安全措施是否符合要求，在工作屏的正、背面由运行人员设置"在此工作"的标志牌。 （2）若进行工作的屏仍有运行设备，则必须有明确标志，以与检修设备分开。相邻的运行屏前后应有"运行设备"的明显标志（如标志牌、红布幔、遮栏等）

续表

作业项目	危 险 点	控 制 措 施
继电保护（自动化）校验	触电伤人	在现场要带电工作时，必须站在绝缘垫上，戴线手套，使用带绝缘把手工具（其外露导电部分不得过长，否则应包扎绝缘带），用以保护人身安全，同时将邻近的带电部分和导体用绝缘器材隔离，防止造成短路或接地
	损坏电源设备	（1）在进行试验接线前，应了解试验电源的容量和接线方式。配备适当的熔丝，特别要防止总电源熔丝越级熔断。 （2）试验用隔离开关必须带罩，禁止从运行设备上直接取得试验电源，在进行试验接线工作完毕，必须经第二人检查合格后，方可通电
	电流互感器开路、电流互感器二次产生高压伤人	（1）在电流互感器二次回路进行短路接线，应用短路片或导线压接短路，并要有可靠的接地点。 （2）二次回路升流必须断开电流连接片，防止电流互感器一次产生高压伤人
	电压互感器反充电伤人	对交流二次电压回路通电时，必须可靠断开至电压互感器二次侧的回路，防止反充电
	传动试验伤人	（1）做保护试验前必须退出保护出口连接片，带开关整组试验前必须先通知有关人员离开开关和机构，并设专人监护。 （2）传动或整组试验后不得再在二次回路上进行任何工作，否则应做相应试验
	分段开关误动作	在分段开关运行时进行中央信号装置校验，应停用分段开关控制电源和分段开关出口连接片
	保护联跳、误动作运行中设备	有联跳保护整组试验时，应先断开联跳回路出口连接片，防止误动作运行中设备
	查找直流系统接地保护误动作、拒动作	使用高电阻绝缘电阻表时，严禁用对线灯，严禁人为两点接地
	误整定	（1）保护装置调试的定值，必须根据最新整定值通知单规定，先核对通知单与实际设备是否相符（包括互感器的接线、变比）及有无审核人签字。 （2）根据电话通知整定时，应在正式的运行记录簿上做电话记录，并在收到整定通知单后，将试验报告与通知单逐条核对。 （3）所有交流继电器的最后定值试验必须在保护屏的端子排上通电进行
	损坏插件	（1）微机及集成电路保护时，拔插件前必须停保护装置电源。 （2）微机及集成电路保护时，在用电烙铁进行工作时必须先接地或先拔下电烙铁电源插头方可进行焊接
二次回路检修	高压伤人	与带电设备保持安全距离为110kV 大于1.5m，35kV 大于1m，10kV 大于0.7m
	搬运长物触电	在升压站内搬运长物，必须放倒搬运
	临时用工人员误入带电间隔	对临时用工人员进行安全教育，并设专人监护
	电缆沟盖板伤电缆	扳动电缆沟盖板，必须小心，避免伤及电缆
	存在寄生回路	保护装置二次线改动或改进时，认真检查接线是否正确，严防寄生回路存在

作业项目	危　险　点	控　制　措　施
二次回路检修	保护误动作	（1）在继电保护屏间的过道上搬运或安放试验设备时，要注意与运行设备保持一定距离，防止误碰造成保护误动作。 （2）不允许在运行中的保护屏上钻孔，尽量避免在运行中的保护屏附近进行钻孔或任何有震动的工作，如要进行，则必须采取妥善措施，以防止运行中的保护误动作
	误接线	（1）现场工作按图纸进行，严禁凭记忆、凭经验作为工作的依据。如发现图纸与实际接线不符，应查线核对，如有问题，应查明原因，并按正确接线修改更正，然后记录修改理由和日期。 （2）修改二次回路接线时，事先必须经过审核，拆动接线前先与原图纸核对，接线修改后要与新图核对，并及时修改底图和修改运行人员及有关继电保护人员用的图纸。修改后的图纸应及时报送直接管辖调度的继电保护机构。 （3）在变动二次直流回路后，应进行相应的传动试验，必要时还应模拟各种故障进行整组试验

（9）直流系统检修、维护危险点分析控制措施，见表 7-11。

表 7-11　　　　　　　　直流系统检修、维护危险点分析控制措施

作业项目	危　险　点	控　制　措　施
风电场直流系统检修、维护	高频开关电源整流器运行不稳定，使电池长期处于欠充电或过充电状态	改造直流系统及高频开关电源整流器
	高频开关电源整流输出纹波数过高，因而影响保护运行	提高整流器稳定性，更换落后电池组
	蓄电池长期欠充电，因而不能满足正常操作时的母线电压	正确维护电池，使电池处于稳压运行
	蓄电池过充电，内部有短路或局部放电、温升超标、阀控失灵	严格控制电池充电电流，降低充电电压，检查安全阀体是否堵死
	蓄电池柜内温度超过规定	采取适当措施改善室内环境，定时开启空调
	更换、调整电池造成设备短路或损坏设备	严格按规定操作，工作中认真负责轻拿轻放
	因电池电压长期欠充电、过低造成通信设备中断	正常维护电池，应按要求严格掌握电池电压、比重变化，对落后严重的要予以更换
	在设备安装或改造施工中，没有严格按"三措"计划施工，擅自扩大工作范围，造成责任事故	在设备安装或改造施工中，严格按"三措"计划施工，设专人监护，严禁习惯性违章施工
	新安装设备，接线图纸一时无法找到，凭经验接线，导致设备损坏	（1）严禁凭经验不按图纸接线。 （2）必须设法索找该设备接线图
	在低压电缆沟（槽）工作，带电搬运电缆时，容易踩破其他电缆造成短路	（1）必须设专人监护。 （2）必须有防止踩破电缆的技术措施。 （3）必要时将有关电源断开

续表

作业项目	危 险 点	控 制 措 施
风电场直流系统检修、维护	试验电源隔离开关盖破损。低压配电接线端子未标明相线、中性线	（1）及时更换破损隔离开关。 （2）必须标明接线端子的相线、中性线。 （3）接线前，用绝缘电阻表核对接线端子，防止短路

（10）输电线路工作危险点分析控制措施，见表 7-12。

表 7-12　　　　　　　　输电线路工作危险点分析控制措施

作业项目	危 险 点	控 制 措 施
线路树障砍伐	攀爬树木滑跌、高处坠落	（1）攀爬树木应穿软底工作鞋，禁止穿皮鞋、凉鞋上树。 （2）使用梯子攀树，应有专人扶持或绑扎牢靠。 （3）上树时不得攀抓脆弱、枯死、老枝，不应攀登已被锯过而未全部折断的枝干。 （4）砍树操作时必须使用安全带
	树木、树枝倒落砸伤	砍剪树木的下方，或树木倒落方向范围内不得有人逗留，树下应设专人监护
	树枝碰线人身触电	（1）在线路带电时，砍伐靠近带电导线树木，工作负责人必须在工作开始前向全体工作人员说明线路有电，人员不得攀登杆塔树木，绳索不得接近导线。 （2）工作负责人应察看树枝生长方向，目测树枝与带电导线之间的距离和现场风力大小及风向。 （3）砍树必须用绳索将被砍伐树木拉向与导线相反方向，控制树枝倒向，树枝不得接触导线。 （4）风力大于 5 级不得砍伐树木，小于 5 级时每砍一棵树木均必须用绳索控制树木倒向，并防止树梢因风偏靠近可接触导线
更换拉线	高处坠落	（1）使用登高工具应进行外观检查。 （2）高处作业安全带应系在牢固的构件上，高挂低用，转位时不得失去保护
	触电、感电	（1）杆塔上作业的人员、工具、材料与带电体保存安全距离。 （2）上下传递工器具、材料必须使用绝缘无极绳。 （3）在杆塔上作业应设专人监护。 （4）严格控制拉线摆动，保持安全距离。 （5）杆塔上有感应电时，工作人员应穿防静电服。 （6）使用的安全器具必须定期检验并合格
	物体打击	（1）高处作业必须使用工具袋防止掉东西。 （2）工器具、材料等必须用绳索传递，杆下应防止行人逗留。 （3）下拉盘时坑内严禁站人，防止拉线棒反弹，拉盘对面不得有人停留

作业项目	危 险 点	控 制 措 施
更换架空地线金具	高处坠落	（1）使用登高工具应进行外观检查。 （2）高处作业安全带应系在牢固的构件上，高挂低用，转位时不得失去保护
	触电	（1）杆塔上作业的人员、工具、材料与带电体保存安全距离。 （2）上下传递工器具、材料必须使用绝缘无极绳。 （3）在杆塔上作业应设专人监护。 （4）严格控制拉线摆动，保持安全距离。 （5）杆塔上有感应电时工作人员应穿防静电服。 （6）使用的安全工器具必须定期检验并合格
	机械伤害	（1）选用的工器具合格、可靠，严禁以小代大。 （2）工器具受力后应检查受力状况。 （3）选用承载力合适的葫芦，不过载使用。 （4）棘轮可靠。 （5）支架强度足够，连接可靠
	物理打击	作业人员必须戴安全帽，上下传递物件应使用绳索传递
更换绝缘子	高处坠落	（1）使用登高工具应进行外观检查。 （2）高处作业安全带应系在牢固的构件上，高挂低用，转位时不得失去保护。 （3）必须采取防止导线脱落的后备保护措施及限制导线放落高度的措施
	触电	（1）核对线路名称、杆号、色标。 （2）同杆一回停电作业，发给作业人员识别标记，每基作业杆塔设专人监护。 （3）相应作业地段加挂接地线。 （4）使用的安全工器具必须定期检验并合格
	机械伤害	（1）选用的工器具合格、可靠，严禁以小代大。 （2）工器具受力后应检查受力状况。 （3）选用承载力合适的葫芦，不过载使用。 （4）棘轮可靠。 （5）支架强度足够，连接可靠
铁塔拆除	高处坠落	（1）使用登高工具应进行外观检查。 （2）高处作业安全带应系在牢固的构件上，高挂低用
	触电	（1）必要时搭设防护架。 （2）吊车和吊件与带电设备保持安全距离。 （3）每基铁塔作业设专人监护。 （4）使用的安全工器具必须定期检验并合格
	机械伤害	（1）吊车四脚支撑牢固。 （2）估算最大分段重量。 （3）起吊前，确认分段点连接螺栓都已拆除或割开。 （4）吊臂下方禁止站人。 （5）选择足够动力的卷扬机，并经维护保养合格。 （6）牵引、牵动良好。 （7）卷筒上最少保留五圈钢丝绳。 （8）严禁用手扶行走的钢丝绳。 （9）选择坚实的土壤，避免在松软土地及河坎上设置地锚。 （10）地锚（桩）抗拉强度满足要求

续表

作业项目	危　险　点	控　制　措　施
铁塔拆除	物体打击	（1）作业面边缘设置安全围栏，严禁行人入内或逗留。 （2）可能坠落范围内严禁站人。 （3）物体上下用绳索传递。 （4）抱杆升降，四侧拉线操作均匀一致。 （5）起吊过程中不得调整抱杆。 （6）起吊时塔上作业人员应站在塔身内侧安全位置上。 （7）塔身上方两主材间应有连接绳。 （8）塔身两侧有控制绳
	车辆伤害	（1）严禁酒后行车。 （2）乘车人员不应和司机交谈。 （3）严禁人货混装。 （4）不超载装运，物体装运、绑扎牢固
更换横担	高处坠落	（1）使用登高工具应进行外观检查。 （2）杆、塔上作业安全带应系在牢固的构件上，不脱出，高挂低用，转位时不得失去保护。 （3）旧横担拆除后新横担就位前，安全带、保险绳可同时系在电杆上，但新横杆装好后，保险绳应立即转挂于横担上
	触电	（1）核对线路名称、杆号、色标。 （2）同杆一回线路停电作业，每基作业杆塔应设专人监护，发给作业人员相应的识别标记。 （3）作业地段对同杆、交跨、邻近电力线路防止感应电必须加挂接地线。 （4）必须采取防止导线脱落的后备保护措施及限制导线放落高度的措施。 （5）门型杆换横担要采取补强措施，保证电杆的稳定性。 （6）使用的安全工器具必须定期检验并合格
	物体打击	（1）作业面边缘设置安全围栏，严禁行人入内。 （2）可能坠落范围内严禁站人。 （3）物体上下用绳索传递
电杆更换	高处坠落	（1）使用登高工具应进行外观检查。 （2）杆、塔上作业安全带应系在牢固的构件上，高挂低用，转位时不得失去保护
	触电	（1）核对线路名称、编号（色标）。 （2）邻近带电线路作业设专人监护。 （3）作业地段对交跨、邻近电力线路防止感应电必须加挂接地线。 （4）必须采取防止导线脱落的后备保护措施及限制导线放落高度的措施。 （5）使用的安全工器具必须定期检验并合格
	机械伤害	（1）吊车脚应支撑牢固。 （2）估算最大分段重量。 （3）起吊前，确认分段点连接螺栓都已拆除或割开。 （4）吊臂吊件下方禁止站人。 （5）选择足够动力的卷扬机。 （6）卷扬机牵引、牵动良好。 （7）卷筒上最少保留五圈钢丝绳。 （8）严禁用手扶行走的钢丝绳。 （9）按需要选择地锚和锚桩形式和数量。 （10）选择坚实的土壤，避免在河坎及松软土地上设置锚（桩）。使用群桩（钻）布置合理，连接紧密可靠

续表

作业项目	危险点	控　制　措　施
电杆更换	物体打击	（1）作业面边缘设置安全围栏，严禁行人入内。 （2）可能坠落范围内严禁站人。 （3）物体上下用绳索传递。 （4）人员站位要合理、安全。 （5）抱杆两脚应垫牢并固定，防止其下沉或移位。 （6）使用缆风绳布置应合理，受力要均匀。 （7）正式起吊前应试吊，检查抱杆各受力元件受力情况，电杆提升要平稳，不得撞击高杆

二、隐患排查治理

（一）隐患排查

1. 定义

（1）安全隐患。是指生产经营单位违反安全生产法律、法规、规章、标准、规程、安全生产管理制度的规定，或者其他因素在生产经营活动中存在的可能导致不安全事件或事故发生的物的不安全状态、人的不安全行为、管理上的缺陷及生产环境的不良，从性质上可分为一般事故隐患和重大事故隐患。

（2）一般事故隐患。是指危害和整改难度较小，发现后能够立即整改排除的隐患。

（3）重大事故隐患。是指危害和整改难度较大，应当全部或者局部停产停业，并经过一定时间整改治理方能排除的隐患，或者因外部因素影响致使生产经营单位自身难以排除的隐患。

2. 隐患排查方式和范围

风电场隐患排查方式、频次和范围等可参考表 7-13 开展。

表 7-13　　　　　　　　　风电场隐患排查方式、频次和范围

序号	方式	检查频次	检　查　范　围
1	综合检查	每年至少 1 次	包括所有与风电场相关的场所、人员、设备设施和活动，包括承包商、供应商等相关方服务范围
2	专业检查	每年至少 2 次	一般检查范围突出一项或几项专业，如电气、风机、消防、环境、人员培训等其他安全管理专业等
3	季节性检查	一般每年 4 次	结合风电场当前实际情况和当前季节特点对人员、设备、环境、管理等方面开展安全隐患排查
4	节假日检查	每年 4～6 次	检查范围结合风电场当前安全管理状况重点从查思想、查制度、查纪律、查领导、查隐患方面进行重点排查
5	日常检查	每天至少 1 次（一般在风电场交接班、巡检时开展）	有针对性地结合风电场当前工作实际开展，主要包括设备设施、厂房建筑、作业环境及违章指挥、违章作业情况等

3. 隐患认定原则

风电场排查隐患认定原则依据表7－14执行。

表7－14　　　　　　　　　风电场排查隐患认定原则

序号	隐患类别	认 定 原 则
1	人身安全隐患	（1）死伤人数按隐患可能导致的最严重后果计算，可能导致重伤的按死亡计算。 （2）在特定条件下，确认不会导致人身死亡和重伤的隐患，可以认定为人身轻伤
2	电力安全事故隐患	（1）在认定隐患可能造成风电场或者变电站全场（站）对外停电事故（事件）时，不考虑其可能对电网造成的电压波动。 （2）在认定隐患可能造成风电机组故障停运事故（事件）时，不考虑其可能导致的电网减负荷
3	设备设施事故隐患	（1）设备设施事故隐患的认定应按照隐患可能造成最严重的设备设施损坏计算。造成设备部分零部件损坏，但无法更换损坏零部件的，应计算整套设备的损失。 （2）隐患可能造成的财产损失费用，包括固定资产损失，或者为恢复其功能所发生的备品配件、材料、人工、运输、清理等费用，以及事故罚款、赔偿费用等。 （3）设备设施的修复和整改时间认定，按照设备设施正常采购、修复及更换时间来计算，特殊设备考虑厂家标准制造时间
4	安全管理隐患	（1）安全监督管理机构未成立，是指未按照国家有关法规要求设立独立的安全监督管理机构或专兼职安全管理人员。 （2）安全责任制未建立，是指未能明确各级领导、现场生产人员在生产运营中应负有的安全责任。 （3）安全管理制度严重缺失，是指按照发电安全生产标准化规范及达标评级标准要求，"法律法规与安全管理制度"部分得分没能达到36分以上的。 （4）应急预案严重缺失，是指风电场未能按照《生产经营单位生产安全事故应急预案编制导则》（GB/T 29639—2013），以及本单位的组织结构、管理模式、生产规模和风险种类等特点，编制综合应急预案；或者编制的应急预案内容不符合《生产经营单位生产安全事故应急预案编制导则》（GB/T 29639—2013）的基本要求。 （5）安全培训不到位，是指未按照《国务院安委会关于进一步加强安全培训工作的决定》的要求，实行三项岗位人员（企业主要负责人、安全管理人员和特种作业人员）持证上岗和先培训后上岗制度。 （6）应急演练未开展，是指没有开展应急演练或虽已开展应急演练但无相关记录和总结的
5	火灾事故隐患	（1）影响人员疏散或者灭火救援的。 （2）消防设施不完好有效，影响防火灭火功能的。 （3）擅自改变防火分区，容易导致火势蔓延、扩大的。 （4）在人员密集场所违反消防安全规定，使用、存储易燃易爆化学品的。 （5）其他违反消防法规的情形
6	环境污染事故隐患	按照因危险源泄漏，可能对人身、设备设施、大气、水源等方面造成的危害程度及因环境污染可能引发的跨行政区域纠纷的严重程度认定

（二）隐患治理

风电场隐患治理要求参考表7－15。

表 7-15   风电场隐患治理要求

序号	隐患类别	整　　改	验收
1	一般事故隐患	一般事故隐患由风电场负责人或者有关人员立即或限期组织整改	一般事故隐患治理完成后由风电场安全管理人员或专业技术人员组织实施验收
2	重大事故隐患	重大事故隐患由风电场主要负责人组织制定并实施事故隐患治理方案。重大事故隐患治理方案应当包括以下内容： （1）治理的目标和任务。 （2）采取的方法和措施。 （3）经费和物资的落实。 （4）负责治理的机构和人员。 （5）治理的时限和要求。 （6）安全措施和应急预案	重大事故隐患治理完成后，由风电场上级部门安全管理人员和有关技术人员进行验收或委托依法设立的为安全生产提供技术、管理服务的机构进行验收或评估

（三）信息记录、通报和报送

　　风电场如实记录隐患排查治理情况，登记隐患排查治理台账，每月进行统计分析。

　　（1）隐患排查治理台账，见表 7-16。

表 7-16   隐患排查治理台账（参考模板）

序号	隐患名称	检查人及时间	隐患性质（一般或重大）	计划及措施	资金	责任人	整改情况	整改完成时间	整改验收人及时间
1									
2									
3									
4									
5									

　　（2）隐患统计分析表，见表 7-17。

表 7-17   隐患统计分表（参考模板）

	一般事故隐患			重大事故隐患			累计落实治理资金（万元）
	排查数量（项）	整改数量（项）	整改率（%）	排查数量（项）	整改数量（项）	整改率（%）	
1. 人身安全事故隐患							
2. 电力安全事故隐患							

续表

	一般事故隐患			重大事故隐患			累计落实治理资金（万元）
	排查数量（项）	整改数量（项）	整改率（%）	排查数量（项）	整改数量（项）	整改率（%）	
3. 设备设施事故隐患							
4. 安全管理隐患							
5. 其他事故隐患							
合 计							

第八章

应急管理

一、应急准备

（一）风电场应急救援组织

风电场应急救援组织见图8-1。

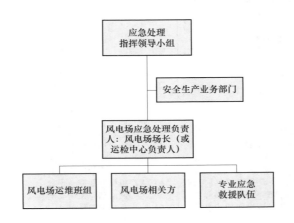

图8-1 风电场应急救援组织

（二）风电场应急预案

1. 应急预案编制程序

风电场应急预案编制程序见图8-2。

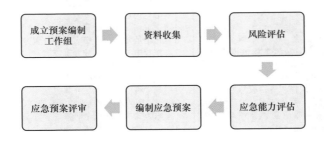

图8-2 风电场应急预案编制程序

2. 应急预案体系

应急预案体系参考表8-1建立。

表 8-1   应 急 预 案 体 系

	主要内容	风电场应编制预案	要求
综合应急预案	综合应急预案是风电场应急预案体系的总纲,主要从总体上阐述风电场事故的应急工作原则,包括风电场的应急组织机构及职责、应急预案体系、事故风险描述、预警及信息报告、应急响应、保障措施、应急预案管理等内容。具体依据《生产经营单位生产安全事故应急预案编制导则》(GB/T 29639—2013)	风电场综合应急预案	
专项应急预案	专项应急预案是风电场为应对某一类型或某几种类型的事故,或者针对重要生产设施、重大危险源、重大活动等内容而制定的应急预案。主要包括风电场事故风险分析、应急指挥机构及职责、处置程序和措施等内容。具体依据《生产经营单位生产安全事故应急预案编制导则》(GB/T 29639—2013)	(1)自然灾害类: 1)防台、防汛、防强对流天气应急预案; 2)防雨雪冰冻应急预案; 3)防大雾应急预案; 4)防地震灾害应急预案; 5)防地质灾害应急预案。 (2)事故灾难类: 1)人身事故应急预案; 2)发电厂全厂停电事故应急预案; 3)电力设备事故应急预案; 4)大型机械事故应急预案; 5)电力网络信息系统安全事故应急预案; 6)火灾事故应急预案; 7)交通事故应急预案。 (3)公共卫生事件类: 1)传染病疫情事件应急预案; 2)群体性不明原因疾病事件应急预案; 3)食物中毒事件应急预案。 (4)社会安全事件类:群体性突发社会安全事件应急预案	风电场专项应急预案应结合现场实际情况编制,可包括但不限于表中所列
现场处置方案	现场处置方案是风电场根据不同事故类别,针对具体场所、装置或设施所制定的应急处置措施,主要包括事故风险分析、应急工作职责、应急处置和注意事项等内容。具体依据《生产经营单位生产安全事故应急预案编制导则》(GB/T 29639—2013)	(1)人身事故类: 1)高处坠落伤亡事故处置方案; 2)机械伤害伤亡事故处置方案; 3)物体打击伤亡事故处置方案; 4)触电伤亡事故处置方案; 5)火灾伤亡事故处置方案; 6)化学危险品中毒伤亡事故处置方案; 7)蛇咬中毒伤亡事故处置方案。 (2)设备事故类: 1)厂用电中断事故处置方案; 2)起重机械故障事故处置方案。 (3)电力网络与信息系统安全类: 1)电力二次系统安全防护处置方案; 2)生产调度通信系统故障处置方案。 (4)火灾事故类: 1)变压器火灾事故处置方案; 2)风机火灾事故处置方案; 3)危险化学品仓库火灾事故处置方案; 4)电缆火灾事故处置方案; 5)集控室火灾事故处置方案; 6)风电场周边草原森林火灾事故处置方案	风电场现场处置方案应结合现场实际情况编制,可包括但不限于表中所列

（三）应急设施、装备、物资

风电场应急设施、装备、物资参考表 8-2 配置。

表 8-2　　　　　　　　　　风电场应急设施、装备、物资

序号	应急设施、装备、物资名称	主要用途
1	车辆	运送人员或应急物资
2	清雪车辆	适用于西北、华北、东北区域部分风电场冬季暴风雪天气道路、升压站积雪清除
3	风力灭火机	适用于风电场周边草原、荒山草坡火灾的扑灭
4	对讲机	风电场应急通信
5	卫星通信设备	风电场应急通信
6	风电场应急药箱	应急急救、外伤处置
7	正压式空气呼吸器	风电场应急缺氧环境下使用
8	柴（汽）油发电机	风电场备用应急电源
9	临时电源线	风电场临时电源应急使用
10	潜水泵或排污泵	应急防汛
11	沙袋	应急防汛
12	排水管	应急防汛
13	塑料布	应急防汛
14	应急灯	应急照明
15	手电筒	应急照明
16	安全警示标志和警戒线	应急安全警示
17	雨靴、雨衣	人员应急防护物资
18	防寒服	人员应急防寒防冻物资
19	望远镜	应急巡查

注　风电场应根据可能发生的事故种类特点，按照规定设置应急设施，配备应急装备，储备应急物资，建立管理台账，安全专人管理，并定期检查、维护、保养，确保其完好、可靠。

（四）应急演练

1. 应急演练目的

风电场应急演练目的见图 8-3。

图 8-3 风电场应急演练目的

2. 应急演练原则

风电场应急演练原则见图 8-4。

图 8-4 风电场应急演练原则

3. 应急演练类型

风电场应急演练类型见图 8-5。

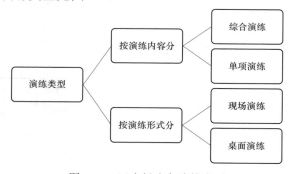

图 8-5 风电场应急演练类型

4. 应急演练实施程序

风电场应急演练实施程序见图 8-6。

图 8-6 风电场应急演练实施程序

5. 演练评估和总结

风电场演练评估和总结内容及要求见表 8-3。

表 8-3 风电场演练评估和总结内容及要求

事项	主要内容及要求
应急演练评估	现场点评：应急演练结束后，在演练现场，评估人员或评估组负责人对演练中发现的问题、不足及取得的成绩进行口头点评
	书面评估：评估人员演练中观察、记录及收集的各种信息资料，依据评估标准对应急演练活动全过程进行科学分析和客观评价，并撰写书面评估报告。评估报告重点对演练活动的组织和实施、演练目标的实现、参演人员的表现及演练中暴露的问题进行评估。具体参照《生产安全事故应急演练评估规范》（AQ/T 9009—2015）
应急演练总结	演练结束后，根据演练记录、演练评估报告、应急预案、现场总结等材料，对演练进行全面总结，并形成演练书面总结报告。报告可对应急演练准备、策划等工作进行简要总结分析。演练总结报告内容主要包括演练基本概要；演练发现的问题，取得的经验教训；应急管理工作建议
演练资料的归档与备案	应急演练活动结束后，将应急演练工作方案及应急演练评估、总结报告等文字资料，以及记录演练实施过程的相关图片、视频、音频等资料归档保存。对主管部门要求备案的应急演练资料，演练组织部门应将相关资料报主管部门备案

二、应急处置

风电场应急处置流程见图 8-7。

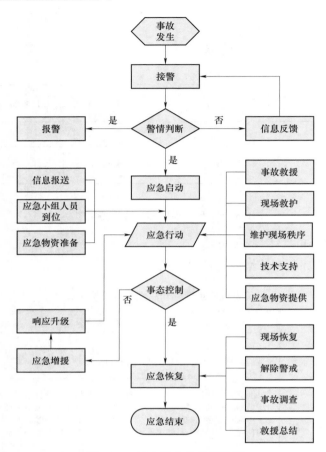

图 8-7 风电场应急处置流程

第九章

事故管理

一、事故报告

（一）事故分类

与风电场工作相关的事故分类见表9-1。

表9-1　　　　　　　　　　　与风电场工作相关的事故分类

序号	事故类别	释　义
1	人身事故	是指在公司员工在生产经营活动（包括与生产经营有关的活动）中发生的人身伤害
2	设备事故	电力企业发生设备、设施、施工机械、运输工具损坏，造成直接经济损失超过规定数额的，为电力生产设备事故
3	交通事故	是指车辆在道路上因过错或者意外造成人身伤亡或者财产损失的事件
4	质量事故	工程建设过程中和投入使用后，由于设计、设备、材料、施工、调试、试运行等方面的原因，造成工程质量不符合合同、规程、规范、标准，影响工程使用寿命和正常运行，需要返工或采取补救措施的，统称为质量事故
5	火灾事故	指在时间或空间上失去控制的燃烧所造成的灾害事故
6	职业病事故	公司员工在其生产活动中因工业毒物、不良气象条件、生物因素、不合理的劳动组织，以及一般卫生条件恶劣等的职业性毒害而造成疾病的事故
7	运输事故	指在车辆运输产品、设备过程中发生设备设施损毁、损坏，造成一定财产损失的事故。重大运输安全事故是指设备运输过程中发生导致大部件报废的事故

（二）事故报告方式

事故报告采用口头、电子文档、书面方式。

（三）事故报告内容

（1）事故发生的风电场概况。

（2）事故发生的时间、地点及事故现场情况。

（3）事故的简要经过。

（4）事故已经造成或者可能造成的伤亡人数（包括下落不明的人数）和初步估计的直接经济损失；已知的设备、设施损坏和电网停电影响的初步情况。

（5）已经采取的措施及事故控制情况。

（6）其他应当报告的情况。

（四）事故报告程序

（1）事故发生后，事故现场有关人员应当立即向风电场负责人电话报告，风电场负责人接到报告后应在1h内向负有安全监督管理职责的有关部门逐级报告，并在事故发生24h内提交书面报告，情况紧急时，可越级上报。

（2）事故发生单位负责人接到事故报告后,应当立即启动事故相应应急预案,或者采取有效措施，组织抢救，防止事故扩大，减少人员伤亡和财产损失。

（3）发生死亡事故时，事故单位负责人接到报告后，应在 1h 内向事故发生地县级以上人民政府安全生产监督管理部门和负有安全生产监督管理职责的有关部门报告。

（4）发生人身伤害事故，应及时与当地医院联系进行救护；发生火灾事故，应及时联系当地消防部门请求支援。

（5）事故报告后出现的新情况，事故风电场负责人应当及时补报。

（6）其他事项依据《生产安全事故报告和调查处理条例》（国务院令第 493 号）和《电力安全事故应急处置和调查处理条例》（国务院令第 599 号）的有关规定执行。

二、事故调查处理

（一）事故调查

（1）风电场发生事故后，根据事故具体情况，按规定权限组织成立事故调查组，确定事故调查组组长及成员，明确职责，开展事故调查。

（2）事故调查组成员应当具有事故调查所需要的知识和专长，并与所调查的事故没有直接利害关系，必要时事故调查组可以聘请有关专家参与调查。

（3）事故调查组履行下列职责：

1）查明事故发生的经过、原因、人员伤亡情况及直接经济损失。

2）认定事故的性质和事故责任。

3）提出对事故责任者的处理建议。

4）总结事故教训，提出防范和整改措施。

5）提交事故调查报告。

（4）事故调查组有权向事故风电场和个人了解与事故有关的情况，并要求其提供相关文件、资料，事故风电场和个人不得拒绝。事故发生后风电场的负责人和有关人员在事故调查期间不得擅离职守，并应当随时接受事故调查组的询问，如实提供有关情况。

（5）事故调查组应当自事故发生之日起根据事故具体情况在规定期限内提交事故调查报告，事故调查报告应当包括以下内容：

1）事故发生单位概况。

2）事故发生经过和事故救援情况。

3）事故造成的人员伤亡和直接经济损失。

4）事故发生的原因和事故性质。

5）事故责任的认定及对事故责任者的处理建议。

6）事故防范和整改措施。

7）事故调查报告应当附具有关证据材料和技术分析报告。事故调查组成员应当在事故调查报告上签字。

（6）事故经济损失包括以下内容：

1）直接经济损失。

a. 人身伤亡后所支出的费用，包括医疗费用（含护理费用）、丧葬及抚恤费用、补助及救济费用、歇工工资。

b. 善后处理费用，包括处理事故的事务性费用、现场抢救费用、清理现场费用、事故罚款和赔偿费用。

c. 财产损失价值，包括固定资产损失价值、流动资产损失价值。

2）间接经济损失：

a. 停产、减产损失价值。

b. 工作损失价值。

c. 资源损失价值。

d. 处理环境污染的费用。

e. 补充新职工的培训费用。

f. 其他损失费用。

（二）事故处理

（1）事故调查报告经审批后，事故调查工作即告结束，有关单位应当依法对发生事故的风电场和有关人员进行处罚和给予处分。

（2）发生事故的风电场和有关人员应当认真吸取事故教训，落实事故防范和整改措施，防止事故再次发生。

（3）负有安全生产监督管理职责的有关部门应当对发生事故的风电场和有关人员落实事故防范和整改措施的情况进行监督检查。

（4）事故处理遵守原则：

1）客观、实事求是、尊重科学的原则。

2）依法办理的原则。

3）四不放过原则：

a. 事故原因未查清不放过；

b. 事故责任者未受到处理不放过；

c. 事故责任者和周围群众没有受到教育不放过；

d. 事故防范措施未落实不放过。

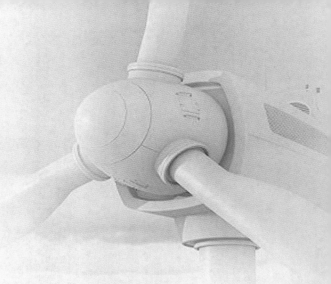

第十章

持续改进

一、绩效评定

（1）风电场每年至少一次应对安全生产标准化管理体系的运行情况进行一次自评，验证各项安全生产制度措施的适宜性、充分性和有效性，检查安全生产和职业卫生管理目标、指标的完成情况。

1）适宜性：

a. 所制定的各项安全生产制度和措施是否适宜于风电场的实际情况，包括规模、性质和安全健康管理的特点。

b. 所制定的安全生产和职业卫生管理目标、指标及其在风电场得以落实的方式是否合理并具备可操作性。

c. 与风电场原有的管理制度相融合的情况，包括与原有的其他管理系统是否兼容。

d. 有关制度措施是否适合于风电场员工的使用，是否与其能力、素质等相配套。

2）充分性：

a. 各项安全管理的制度措施是否满足《企业安全生产标准化基本规范》（GB/T 33000—2016）的全部管理要求。

b. 所有的管理措施、管理制度能否确保 PDCA 管理模式的有效运行。

c. 与相关制度措施相配套的资源，包括人、财、物等是否充分。

d. 对相关方的安全管理是否有效。

3）有效性：

a. 能否保证实现风电场的安全工作目标、指标；是否以隐患排查治理为基础，对所有排查出的隐患实施了有效治理与控制。

b. 通过制度、措施的建立，风电场的安全管理工作是否符合有关法律法规及标准的要求。

c. 通过安全标准化相关制度、措施的实施，风电场是否形成了一套自我发现、自我纠正、自我完善的管理机制。

d. 风电场员工通过安全标准化工作的推进与建立，是否提高了安全意识，并能够自觉地遵守与本岗位相关的程序或作业指导书的规定等。

（2）风电场负责人应全面负责组织自评工作，并将自评结果向所有相关人员通报，使其清楚风电场一段时期内安全管理的基本情况，了解安全生产标准化工作推行的主要作用、亮点及存在的主要问题，自评结果应形成正式文件，并作为年度安全绩效考评的重要依据。

（3）风电场发生生产安全责任死亡事故，应重新进行安全绩效评定，全面查找安全生产标准化管理体系中存在的缺陷。

二、绩效改进

（1）风电场应根据安全生产标准化评定结果，对安全生产目标与指标、规章制度、操作规程等进行修改完善，制定完善安全生产标准化的工作计划和措施，实施 PDCA（策划、实施、检查、改进）循环，不断提高安全绩效。

（2）风电场要对责任履行、系统运行、检查监控、隐患整改、考评考核等方面评估和分析出的问题由安全生产委员会或安全生产领导机构讨论提出纠正、预防的管理方案，并纳入下一周期的安全工作实施计划当中。

（3）风电场对绩效评价提出的改进措施，要认真进行落实，保证绩效改进落实到位。